HOCHOFENGIESSEREIEN
UND
REINE EISENGIESSEREIEN

EINE VERHANDLUNG IM
VEREIN DEUTSCHER EISENGIESSEREIEN

HERAUSGEGEBEN VON
DR. OTTO BRANDT

ERWEITERTER SONDERABDRUCK AUS
„DIE GIESSEREI"
ZEITSCHRIFT DES VEREINS DEUTSCHER EISENGIESSEREIEN

———————

DRUCK UND VERLAG VON R. OLDENBOURG IN MÜNCHEN

Vorwort.

———

Seit Jahren werden von reinen Eisengießereien den großen gemischten Eisenwerken heftige Vorwürfe über das Eingreifen ihrer Hochofengießereien auf dem Gußwarenmarkte gemacht, bei denen berechtigte und unberechtigte Beschwerden durcheinanderliefen. Die Stimmung in weiten Kreisen der reinen Eisengießereien wurde den Hochofengießereien immer feindlicher, verband sich mit einer Mißstimmung gegen den Roheisenverband, die u. a. ihren Ausfluß in einer Bewegung für die Aufhebung der Roheisenzölle fand u. a. mehr, so daß es geboten schien, einmal über die Frage, ob und in welcher Weise alle oder einzelne Hochofengießereien den reinen Gießereien unberechtigten Wettbewerb machen, Klarheit zu schaffen. Das ist in den nachfolgend geschilderten Verhandlungen geschehen, die für die Hochofengießereien und die reinen Gießereien manche ernste Mahnung enthalten, von deren Befolgung es abhängen wird, ob die zukünftigen Verhandlungen die Gegensätze ausgleichen, was dringend wünschenswert wäre.

Düsseldorf, den 24. Dezember 1914.

Der Verein Deutscher Eisengießereien.

Inhaltsverzeichnis.

———

———

Sonderabdruck aus der Zeitschrift „DIE GIESSEREI" 1914, Heft 15, 16, 17 u. 18.

Schriftleitung: Dr. Brandt in Düsseldorf.

Hochofengießereien und reine Eisengießereien.

Niederschrift der Verhandlungen im Verein Deutscher Eisengießereien am 7. April 1914 in Düsseldorf.

Eingeladen zur Sitzung waren sämtliche Ausschußmitglieder des Vereins Deutscher Eisengießereien, die Mitglieder der rheinisch-westfälischen Gruppe für Handelsguß, Bau- und Maschinenguß und die Hochofengießereien.

Vorsitzender Dr. Werner: Meine Herren! Ich eröffne die Besprechung, die der Verein Deutscher Eisengießereien einberufen hat, und danke Ihnen für Ihr Erscheinen. Herrn Dr. Brandt bitte ich, kurz über den Zweck, den wir mit der Besprechung verfolgen, zu berichten.

Geschäftsführer Dr. Brandt, Düsseldorf: Meine Herren! Es ist nicht das erste Mal, daß eine Besprechung zwischen Hochofengießereien und reinen Eisengießereien über die Beschwerden, die im Kreise reiner Eisengießereien über die Hochofengießereien bestehen, stattfindet. Diese Angelegenheit hat uns schon bei unserer Hauptversammlung in Stuttgart im Jahre 1908 beschäftigt, und damals haben wir Veranlassung genommen, beide Teile zu bitten, sich zu einer Besprechung am 6. Dezember 1908 hier einzufinden. Diese Besprechung hat auch stattgefunden. Die Beschwerden der reinen Eisengießereien gegen die Hochofengießereien beziehen sich auf zwei verschiedene Punkte. Einmal behaupten die Eisengießereien, daß die Hochofengießereien, die als Roheisenlieferanten den reinen Eisengießereien das Roheisen liefern, in einem Umfange das Arbeitsgebiet der reinen Eisengießereien für sich in Anspruch nehmen, daß eine Notlage der reinen Eisengießereien entstehen müsse und das Absterben vieler reinen Eisengießereien zu befürchten sei aus Mangel an geeigneter Arbeit. Bei der zweiten Gruppe von Beschwerden handelt es sich darum, daß behauptet wird, die Hochofengießereien würfen die Preise auf dem Gußmarkt, und zwar hauptsächlich infolge des Umstandes, daß sie in der Lage seien, für ihren Guß Roheisen zu einem Preise zu verwenden, zu dem es den reinen Eisengießereien nicht zu Gebote stehe. Sie sind der Ansicht, daß innerhalb der großen gemischten Werke das Roheisen vom Hüttenwerk der Hochofengießerei zu einem Preise berechnet werde, der dem normalen Eisenpreise auf dem Markte nicht entspreche, und infolgedessen seien die Hochofengießereien in der Lage, den Guß zu einem wesentlich billigeren Preise anzubieten und zu liefern.

Meine Herren! Diese beiden Fragegruppen sind schon damals (1908) ganz eingehend durchgesprochen worden. Es ist einmal von den Hochofengießereien darauf aufmerksam gemacht worden, daß von einem Einbruch in das Arbeitsgebiet der Gießereien deshalb nicht die Rede sein könne, weil ja doch die Eisengießerei anfangs nur Hochofengießerei gewesen sei, und weil eigentlich die Hochofengießereien behaupten könnten, daß ihnen von den reinen Eisengießereien das Arbeitsgebiet beschränkt worden sei, und daß erst neuerdings nun sich ein Umschwung zu vollziehen beginne. Es wurde dann ferner darauf hingewiesen, daß die Befürchtungen der Eisengießereien auch übertrieben seien. Es werde immer ganz große Gebiete des Graugusses geben, die von der Hochofengießerei nicht in Anspruch genommen werden könnten aus ganz bestimmten Gründen, die ich hier im einzelnen nicht ausführen will, — es wird vielleicht in der Debatte das nachher noch erwähnt. Zu der zweiten Beschwerdefrage äußerten die Hochofengießereien, daß es ein Irrtum sei, wenn man annehme, das Hüttenwerk eines gemischten Eisenwerkes liefere der Hochofengießerei Eisen zu Preisen, die unter den Syndikatspreisen lägen, sondern die Hochofengießereien müßten das Eisen genau zu demselben Preise zahlen, wie irgend eine reine Gießerei. Und außerdem sei die Behauptung, daß die Hochofengießereien Gußwaren auf den Markt zu abnorm niedrigen Preisen herausgäben, überhaupt nicht richtig, sondern es sei in vielen Fällen zu beweisen, daß gerade merkwürdigerweise reine Eisengießereien die Hochofengießereien unterböten. Und einer der Herren, die damals hier anwesend waren, hat ausgeführt, daß er als Leiter einer Hochofengießerei oft Vorwürfe von seiner Direktion einheimsen müsse, daß er bei Lieferungen von Guß für das gemischte Eisenwerk seines eigenen gemischten Betriebes nicht konkurrieren könne mit Angeboten, die von reinen Eisengießereien einträfen.

Meine Herren! Gerade über die Preisfragen, über diese Preisunterbietungen ist damals eine Einigung schon deshalb nicht erfolgt, weil von beiden Teilen eigentlich schlußkräftiges Material nicht beigebracht worden ist, sondern es hat sich dabei mehr oder weniger um Behauptungen gehandelt, von denen allerdings erklärt worden ist, daß sie zu beweisen seien, aber in der Versammlung selbst oder nach der Versammlung selbst sind sie nicht bewiesen worden. Es ist schon damals von einem unserer Ausschußmitglieder aus Schlesien darauf hingewiesen worden, daß es ganz falsch sei, von einem Gegensatz zwischen Hochofengießereien und Eisengießereien in diesem Sinne zu sprechen, denn meistens seien ja doch — abgesehen von der Verwendung des Mischers in einer Hochofengießerei eines Hüttenwerkes — auch die Hochofengießereien Kupolofengießereien, die allerdings unter anderen Verhältnissen arbeiteten; aber das sei der Unterschied zwischen einem großen Betrieb und einem kleinen Betrieb und nicht der Unterschied zwischen einer Hochofengießerei und einer reinen Eisengießerei.

Ferner wurde von den Hochofengießereien darauf hingewiesen, daß man ihnen schon deshalb keinen Vorwurf machen könne, daß sie die Preise würfen, weil sie sich ja bei den Bemühungen, die 1907 im Kreise der rheinisch-westfälischen Bau- und Maschinengießereien stattgefunden hatten, eine direkte Preiskonvention für Gußwaren herbeizuführen, ganz ehrlich und offen bereit erklärt hätten, ein Abkommen über Festlegung von Maschinengußpreisen bis zu Stücken von 6000 kg mit den Eisengießereien einzugehen, und daß es damals gerade der Umstand gewesen ist, daß es nicht gelingen wollte, alle reinen Eisengießereien auf Grundlage dieses Abkommens zu einigen, daß das Abkommen nicht zustande gekommen sei. Ich muß allerdings hierzu bemerken, daß auch die Hochofengießereien nicht geschlossen waren, sondern daß beispielsweise die Henrichshütte damals fehlte. Aber es ist die Tatsache nicht in Abrede zu stellen, daß das Abkommen nicht zustande gekommen ist, und daß es in der Tat nicht gelungen ist, damals alle reinen Eisengießereien auf eine solche Konvention zu binden. Sie wissen auch, daß es natürlich eine ungeheuer schwere Aufgabe ist, mehrere hundert Maschinengießereien, die auf der verschiedensten Betriebshöhe und Kapitalausstattung stehen, zu einem solchen Abkommen zu bringen. Meine Herren, 1908 hat diese Versammlung einen Beschluß gefaßt, der folgendermaßen lautet:

»Die am 6. Dezember 1908 versammelten Eisengießereien stellen fest, daß man auch in einzelnen gewiß bedauerlichen Fällen scharfer Konkurrenz der Hochofengießereien nicht schließen darf, daß die Schuld für die schlechten Gußwarenpreise allgemein und in erster Linie auf den drückenden Wettbewerb der Hochofengießereien zurückzuführen sei. Sie bezeichnen ein möglichst enges, auf persönliche Fühlung beruhendes Zusammenarbeiten im Gießereigewerbe als sehr erwünscht und bitten daher insbesondere die Hochofengießereien, sich an der Arbeit in den Gruppen des Vereins Deutscher Eisengießereien zu beteiligen.«

Meine Herren! Diese Stellungnahme ist genau das Gegenteil von der Stellungnahme, die neuerdings der neugegründete Gießereiverband einnimmt, der bekanntlich in seinen Satzungen die Bestimmung stehen hat, daß Hochofengießereien der Eintritt in diesen Verband grundsätzlich verboten sei, weil der Verband der Ansicht ist, daß der Verein Deutscher Eisengießereien durch die Teilnahme der Hochofengießereien an seinen Verhandlungen in einem solchen Maß in seiner Entschlußfreiheit behindert werde, daß er gegen die Hochofengießereien, gegen den Roheisenverband und ähnliche Verbände überhaupt nicht aufzutreten in der Lage sei. Aus diesem Grunde verwirft dieser Verband die Arbeit des Vereins Deutscher Eisengießereien, und aus diesem Grunde hat er selbst die Hochofengießereien ausgeschlossen, um angeblich seine Freiheit zu behalten. Ich brauche nach meinen soeben gemachten Ausführungen nicht zu sagen, daß wir die Verwerfung unserer Haltung durch den Gießereiverband mit Würde zu tragen versuchen müssen.

Meine Herren! Ich habe hier noch einige Briefe, in denen ausgeführt ist, daß in der Tat in einzelnen Fällen Hochofengießereien zu besonders billigen Preisen Waren angeboten haben, und in denen darauf hingewiesen wird, daß in Süddeutschland beispielsweise durch Wasseralfingen, durch die Halbergerhütte und ähnliche Werke für ganze Warengruppen, wie Schachtabdeckungen, Abflußrohre und andere derartige Dinge die Preise verdorben worden sind. Ich glaube aber, daß ich auf diese Briefe im einzelnen nicht einzugehen brauche, da ja Gelegenheit in der Debatte genug ist, derartige praktische Fälle anzuführen.

Es handelt sich bei meinen Ausführungen im wesentlichen darum, darzulegen, was geschichtlich gewesen ist, und unter welchen Gesichtspunkten die ganze Streitfrage zu behandeln ist. Ich glaube deshalb, daß ich meinen vorläufigen Bericht so schnell wie möglich schließe, damit für die Debatte möglichst freier Raum bleibt.

Vorsitzender: Meine Herren: Ich bitte nun zuerst die Herren von den Gießereien zweiter Schmelzung, sich zu der Sache zu äußern.

Karthäuser (Saynerhütte): Die Saynerhütte (Friedr. Krupp, Aktiengesellschaft) ist eine Gießerei zweiter Schmelzung und bekommt nicht, wie allgemein angenommen wird, das Eisen zum Hochofenpreis. Ich kann in den letzten Monaten, in der Kölner Gegend überhaupt keinen Auftrag mehr auf ein größeres Stück bekommen, und ich werde bei meinen Kunden, nämlich Breuer, Schumacher & Co., Maschinenfabrik in Kalk, von der Konkurrenz der Niederrheinischen Hütte und Thyssen & Co. verdrängt. Ich kann tatsächlich zu dem Skalapreis im letzten Jahre überhaupt nichts mehr liefern. Im vorigen Jahre war es nur ganz wenig, was ich von den schablonierten Sachen bekommen habe. Die Preise waren für schablonierte Sachen, für Drehbänke usw. auf einer ganz schönen Höhe angelangt, so daß eine Gießerei zweiter Schmelzung auch noch etwas verdienen konnte. Aber wenn man heute schablonierte Sachen für Stücke von 10 und 12000 kg zu M. 12.50 bis M. 14.— für 100 kg anbietet, so kann man der Maschinenfabrik nur raten, zu solchen Preisen recht viel zu bestellen.

Vorsitzender: Darf ich bitten zu sagen, ob es sich um Gußstücke geringeren Gewichts handelt?

Karthäuser: Nein, die bekomme ich gar nicht. Da bekämpfen sich wieder die kleinen Gießereien. Die Niederrheinische Hütte und Thyssen stellen zu niedrige Preise. Es ist mir schließlich gelungen, zu einem sehr herabgesetzten Preise Guß für mein Stammhaus in Essen zu bekommen, weil eine Firma die Vorschrift hatte, den Guß an mich zu vergeben. Aber ich muß eben immer in die Preise des Wettbewerbs eintreten, und diese sind zu sehr gedrückt.

Linnmann (Essener Eisenwerke, Schnutenhaus & Linnmann, Caternberg): Wir haben die Einladung am 3. Mts. bekommen, also genau vier Tage Zeit gehabt, die Angelegenheit zu überdenken. Ferner ist mir aufgefallen, daß sämtliche Hochofenwerke eingeladen worden sind, dagegen nur Mitglieder der Niederrheinischen Gruppe. Es ist infolgedessen ganz unmöglich, daß hier ein allgemeines Bild sich entwickeln könnte, weil keine rechte Parität herrscht. Ich meine, es müßten unbedingt sämtliche Mitglieder des Vereins Deutscher Eisengießereien an der Besprechung teilnehmen, wenigstens eingeladen worden sein.

Vorsitzender: Gestatten Sie mir zur Berichtigung das Wort. Die Anregung zur Einberufung einer derartigen Sitzung entstammt den Kreisen der niederrheinisch-westfälischen Gruppen, und wir haben zu der heutigen Sitzung daher diese, die doch die Sache zunächst angeht und außerdem unsere Ausschußmitglieder eingeladen. Wenn wir alle Mitglieder des Vereins Deutscher Eisengießereien einladen zu einer derartigen Besprechung, von der wir von vornherein annehmen, daß sie zuerst nur weiter nichts sein soll wie eine Aussprache, dann würden wir viel zu weite Kreise gezogen haben.

Linnmann: Die Zeit ist viel zu kurz, als daß m. E. etwas Ersprießliches herauskommen kann. Manche sind verreist gewesen. Bei einer derartig wichtigen Sache muß man m. E. mindestens einige Wochen Zeit haben, sie mal zu überlegen. Ich habe viele Herren gehört, die genau meiner Ansicht sind, die sagen, wir können uns nichts Ersprießliches davon versprechen und können nicht teilnehmen. Außerdem müßte ein Programm vorhanden sein. Es müßte Material gesammelt werden, was vorläge. Aber jetzt auf einmal plötzlich derartig wichtige Sachen vorzulegen?!

Dr. B r a n d t : Meine Herren! Wir haben sehr sorgfältig überlegt, wie wir in dieser Frage vorgehen sollen. Aber denken Sie sich doch mal praktisch eine Versammlung des Vereins Deutscher Eisengießereien mit 650 Mitgliedern, in der wir uns über eine solche Frage aussprechen sollen. Sie werden mir doch zugeben, daß das eine außerordentlich unfruchtbare Beratung geworden wäre. Meine Herren! Wenn die Beschwerden im Kreise der reinen Eisengießereien gegen die Hochofengießereien vorhanden sind, dann muß doch jeder Herr, der eine solche Einladung bekommt, in der Lage sein, in sein Aktenmaterial greifen zu können, und binnen 24 Stunden das Material herauszusuchen, was wirklich geeignet ist, hier beweiskräftig zu wirken. Wir haben nun jahrelang immer und immer wieder in den Gruppen diese Beschwerden bekommen. Unsere Gruppenvorsitzenden wissen genau, wer sich beschwert hat, sind in der Lage, sich sofort an die einzelnen Herren zu wenden; sie kennen auch die Stimmung und das Material in ihren Gruppen. Wenn wir also unsere 50 Ausschußmitglieder und sämtliche Mitglieder der rheinisch-westfälischen Gruppe hier einladen, dann — glaube ich — muß das doch eine Versammlung sein, bei der eine gewisse Klärung über die Verhältnisse zu erzielen ist. Ob die Klärung auch vollständig ist oder Sie dann beschließen, noch sämtliche Mitglieder des Vereins Deutscher Eisengießereien zu hören, das, meine Herren, mögen Sie nachher entscheiden.

V o r s i t z e n d e r : Meldet sich noch einer der Herren zum Wort?

L i n n m a n n : Ich hätte auch Tatsächliches vorzubringen. Beispielsweise fabrizieren wir Abflußröhren. Wir haben seit Jahren ziemlich viel Ausfuhr und hatten in Hamburg bestimmte Kunden, mit deren Hilfe wir exportieren. Da ist von den Buderusschen Eisenwerken fob. Hamburg zu M. 11,30 angeboten und geliefert worden. Bei diesen Angeboten waren ungefähr M. 200 Fob-Spesen. Da sind Rohre geliefert zu ungefähr M. 230 bis 250 ab Werk. Daß daneben eine reine Eisengießerei nicht bestehen kann, und daß das Eisen nicht zu wirklichem Syndikatspreise eingesetzt sein kann, ist wohl selbstverständlich. Dann ist z. B. vom Schalker Gruben- und Hüttenverein angeboten, daß eigene Händler den Installateuren zu M. 12 liefern. Wie dabei die Eisengießereien bestehen können, mögen die Herren mal selbst ausrechnen. Es sind beispielsweise franko Berlin Preise gemacht worden von M. 10 und noch darunter, wie mir gesagt worden ist.

V o r s i t z e n d e r : Meine Herren! In den Gruppenversammlungen ist stets über die Bremsklotzfrage gesprochen worden. Ich bitte, auch über diese Frage zu sprechen.

Dr. W e d e m e y e r , Gutehoffnungshütte: Wenn Sie speziell hierüber Aufklärung haben wollen, so will ich diesen Punkt schon jetzt berühren. Es ist seinerzeit gesagt worden, daß durch das Eintreten der Friedrich-Wilhelmshütte in den Markt für Bremsklötze die Preise für Bremsklötze auf die Dauer und unwiderruflich auf einen unlohnenden Satz herabgedrückt worden wären. Es ist gerade einem Hochofenwerke der Vorwurf gemacht worden, daß es die Preise so geworfen hätte. Da ist natürlich als Begründung angegeben worden, daß dies Werk sich das Roheisen zu billig einsetzen müßte, was die anderen Eisengießereien nicht mitmachen könnten. Ich habe demgegenüber festgestellt, daß bereits im Jahre 1900 für das Etatsjahr 1901/02 von den Gelsenkirchener Gußstahlwerken, also von einem Werke, welches mit einem Hochofen nichts zu tun hat, 2000 t Bremsklötze zu M. 74,50 und ein anderer größerer Teil zu M. 79,50 hereingenommen worden ist. Ferner sind im Jahre 1903/04 von reinen Eisengießereien Bremsklötze zu

M. 90 bis M. 92 angeboten worden. Die Friedrich-Wilhelmshütte hatte dagegen seinerzeit angeboten zu M. 122 die Tonne. Wie man danach ernstlich den Hochofenwerken den Vorwurf machen will, die Preise für Bremsklötze ihrerseits auf einen unlohnenden Satz geworfen zu haben, ist mir nicht recht verständlich.

Es ist weiter gesagt worden, daß die Preise unwiderruflich für die Zukunft so geworfen wären. Ich möchte demgegenüber feststellen, daß später die Bremsklotzpreise wieder ungefähr M. 140 die Tonne betragen haben.

Ich wollte mir dann einige allgemeine Bemerkungen erlauben. Es ist von Herrn Dr. Brandt vorhin schon darauf hingewiesen worden, daß seinerzeit Verhandlungen stattgefunden haben zwischen den reinen Eisengießereien und den Hochofengießereien in der niederrheinisch-westfälischen Gruppe, und zwar sind da die größeren Hochofenwerke vertreten gewesen. Es waren die Gutehoffnungshütte, die Friedrich Wilhelmshütte, Schalke, Niederrheinische Hütte und Concordiahütte; vielleicht sind auch noch einige weitere dabei gewesen; die Namen sind nicht mehr festzustellen. Es wurde damals von den Hochofengießereien eine Erklärung an die Eisengießereien beschlossen und abgegeben folgenden Inhalts (das war im Jahre 1904): »Die vertretenen Hochofenwerke sind bereit, wegen einer Verständigung über den Absatz von Gußwaren mit den reinen Eisengießereien zu verhandeln, sobald diese eine Grundlage für diese Verhandlungen geschaffen haben, die wenigstens die Aussicht für eine Verständigungsmöglichkeit bietet.« Trotz dieser Erklärung ist seitens der reinen Eisengießereien jahrelang nichts erfolgt. Es sind dann aber die Besprechungen wiederholt worden im Jahre 1908. Im Jahre 1908 ist dann diese Erklärung der beteiligten Hochofenwerke wiederholt worden. Es ist darum gebeten worden, die reinen Eisengießereien möchten doch ihre Wünsche einmal genau angeben. Daraufhin ist wieder keine Antwort in der Versammlung erfolgt, sondern es ist unter den reinen Eisengießereien eine sehr fühlbare Verlegenheit entstanden. Es ist über alles Mögliche gesprochen worden, es ist wieder über die Hochofenwerke geschimpft worden, daß sie die Preise verdürben, aber man ist um den Kern der Sache vollkommen herumgegangen. Schließlich hat der Vertreter der Gutehoffnungshütte, Herr L o c h n e r , im Einverständnis mit den anwesenden Vertretern der Hochofengießereien, also derjenigen Gießereien, welche damals unter den Hochofengießereien wohl den größten Einfluß auf den Markt hatten, folgende Erklärung abgegeben:

»Die vertretenen Hochofengießereien sind bereit, mit den reinen Eisengießereien bezüglich der Regelung des Absatzes von Gußwaren Hand in Hand zu gehen, und überlassen es diesen, zu bestimmen, ob ein dahinzielendes Abkommen auf Grund von Quoten oder ohne Quoten durch Festsetzung von Mindestpreisen, oder auf irgendeiner anderen gangbaren Grundlage getroffen werden soll. Die Hochofengießereien beanspruchen hierbei nur die gleiche Behandlung wie die reinen Eisengießereien.«

Es ist damals eine Liste aufgelegt, in welche sich die beteiligten reinen Eisengießereien eintragen sollten, die unter diesen Bedingungen der Hochofengießereien bzw. dieser Bedingungslosigkeit der Hochofengießereien zu weiteren Verhandlungen bereit wären. Es sind nach dieser Erklärung aber fast sämtliche Teilnehmer der reinen Eisengießereien aus dem Saale verschwunden, ohne zu unterschreiben. Es haben sich in die Liste gar keine reinen Gießereien oder nur ganz wenige eingetragen. Die Verhandlungen sind damit abgebrochen gewesen. Wer danach Schuld daran hat, daß eine Einigung zwischen reinen Eisengießereien und Hochofengießereien bezüglich der Preise nicht zustande gekommen ist, darüber möchte ich das Urteil der Öffentlichkeit überlassen.

Vorsitzender: Die Ausführungen von Herrn Dr. Ing. **Wedemeyer** waren sehr interessant. Hier handelt es sich aber besonders darum, herauszufinden, wie die Situation tatsächlich liegt, und ob es möglich ist, zu einer Verständigung in der einen oder anderen Form zu kommen. Aus den Kreisen der reinen Eisengießereien ist nicht selten berichtet worden über die scharfe Konkurrenz, die ihnen von Hochofengießereien gemacht werde. Vielfach sind hierbei auch Ungeschicklichkeiten von Vertretern und Händlern vorgekommen. So ist vor einigen Tagen der Geschäftsstelle mitgeteilt worden, daß der Vertreter einer Hochofengießerei einer reinen Gießerei das Anerbieten gemacht habe, ihr bestimmte Artikel, die die reine Gießerei aber selbst als Spezialartikel seit Jahren herstellt, zu liefern. Der Vertreter begründete das Anerbieten damit, daß die Hochofengießerei die Artikel billiger herstellen könne. Die betreffende reine Gießerei machte den Vertreter darauf aufmerksam, daß sie sich in jahrelanger, sorgfältiger Arbeit einen bestimmten festen Kundenkreis erworben habe, und daß sie diese Fabrikation jetzt, nachdem sie sich speziell auf sie eingerichtet habe, nicht mehr entbehren könne. Der Vertreter der Hochofengießerei erklärte darauf, daß er die Gießerei in diesem Artikel bei ihrem ganzen Kundenkreis unterbieten werde, wenn sie auf den Vorschlag nicht eingehe. So wenigstens lautet ungefähr der Bericht, den die Geschäftsstelle erhielt. Es wäre mir sehr lieb, wenn aus den Kreisen der reinen Gießereien nun berichtet würde über Vorfälle ähnlicher Natur und Klagen gebracht würden der Art, wie sie häufig in der Gruppe gehört wurden, und die dazu geführt haben, daß diese Besprechung einberufen worden ist.

Karthäuser: Es ist nötig, daß auf gesunder Grundlage Preise herauskommen, wobei die Gießereien bestehen können. Aber wie ich vorhin schon den Herren erklärte, es liegt vielleicht an den Eisengießereien selbst; die sind sich selbst noch nicht einig. Im Umkreise von Duisburg, in der Nähe von der Friedrich-Alfred-Hütte in Rheinhausen finden Sie Preise, zu denen kein Hochofenwerk liefert. Da sind Preise von M. 12½, 13 und 14 für fertig bearbeitete Gußstücke, schmiedeeiserne Wellen, an der Tagesordnung. Das machen reine Eisengießereien. Ich meine, die Eisengießereien müssen sich selbst erst klar sein. Solange die sich nicht klar sind, werden sie mit den Hochofenwerken nicht einig. Dann sagen die Hochofenwerke: Ihr wißt selbst nicht, was ihr wollt. Der Vorredner sagte vorhin selbst: Sobald sich die reinen Eisengießereien zu festen Verpflichtungen in eine Liste eintragen sollten, sobald Not an Mann war, da ist einer nach dem anderen verschwunden. Es sind die alten Klagen. Ich bin Mitglied von der Mannheimer Gruppe der badischen Gruppe. Jedes Jahr werden dort die Preise festgesetzt. In schlechten Zeiten wird von den Mitgliedern an den Abmachungen aber immer etwas geändert, und sobald das geschieht, wird in den Sitzungen geklagt, der und jener habe die Abmachungen nicht gehalten. Nach Mannheim z. B. könnte ich nicht liefern. Die Preise sind zu weit heruntergekommen. Auch dort handelt es sich um reine Eisengießereien; da sind keine Hochofengießereien.

Was aber z. B. die Verhältnisse der Hochofengießereien anbelangt, m. H., so will ich anführen: Eine reine Eisengießerei hat ihre eigene Verwaltung, eine reine Eisengießerei hat ihr Bureau, hat ihren Vorstand, vielleicht zwei; es sind vielleicht je nachdem noch ein Prokurist, ein Fakturist und einige andere Beamte da. Nun betrachten Sie ein Hochofenwerk. Die Gießerei ist von einem gemischten Werk nur ein ganz kleiner Teil. Die Hochofengießereien haben daher andere, und zwar kleinere Unkosten. Das sollten die Hochofengießereien bedenken und berücksichtigen. Lassen Sie die Stücke den reinen Eisengießereien,

die bis zu 10 000 kg gießen. Stücke von 4000, 5000 kg bekommt man heute nicht mehr, die sind schon alle an die Hochofengießereien übergegangen.

Dr. Wedemeyer: Meine Herren! Ich möchte gleich erwidern auf die Worte des Vertreters von der Sayner Hütte. Die Hochofenwerke, welche Gießereien haben — darüber bin ich sehr gut unterrichtet — haben eigene Verwaltungen, nicht bloß eigene Betriebsverwaltung, sondern auch eigene kaufmännische Verwaltung für ihre Gießereien. Die Bedenken, die eben da angeführt sind, sind durchaus nicht haltbar. Die Spesen oder die ganzen Verwaltungskosten pflegen im allgemeinen bei den großen Werken verhältnismäßig größer zu sein als bei den kleineren. (Sehr richtig!) Darin kann es niemals liegen, daß die Hochofengießereien billiger anböten, als die kleineren. Ich bin jahrelang bei der Firma Thyssen gewesen und habe jahrelang Guß einkaufen müssen, etwa 8 bis 10 000 t im Jahr. Ich habe es nach einigen Bemühungen aufgesteckt, überhaupt noch bei Hochofengießereien anzufragen und Abschlüsse mit Hochofengießereien zu tätigen. Es war einfach nicht möglich, dort auch nur annähernd so billige Preise herauszubekommen, als von den etwa 24 reine Gießereien, die die Firma Thyssen, Mülheim, mit Gußaufträgen beschäftigte. Wenn ich billige Preise haben wollte, wandte ich mich selbstverständlich an die kleinen bzw. an die reinen Eisengießereien. Da kamen Preise heraus, die Sie überhaupt nicht für möglich halten, wogegen die Preise noch hoch sind, welche eben genannt wurden. Ich habe Abschlüsse gehabt mit Firmen, die Stücke über 1000 kg etwa zu M. 10 bis M. 10,50 im normalen Abschluß lieferten, gleich viel, ob es komplizierte oder die einfachsten Stücke waren. (Heiterkeit.)

Wie reine Eisengießereien vorgehen, möchte ich an einigen Beispielen doch auseinandersetzen. Seinerzeit hatte ich Deutsche Kaiser-Kühlkästen — das sind Stücke für die Hochöfen, die aus reinem Hämatit gegossen werden müssen — zu vergeben. Es rief mich der Direktor einer rheinischen Eisengießerei an und sagte, daß ich ihm diese Kühlkästen überlassen solle. Ich erklärte ihm, das könnte ich nicht, denn die hätte ich jahrelang gemacht für das eigene Werk und würde ich selbstverständlich auch weiter machen. Daraufhin erklärte er mir, er würde so billige Preise stellen, daß ich nicht die Möglichkeit hätte, mit ihm mitzukommen. So wagen reine Eisengießereien sogar gegenüber den Hochofengießereien in den eigenen Betrieben der Hochofenwerke aufzutreten!

Die Eisengießereien handeln zum großen Teil nicht kaufmännisch richtig. Wie das teilweise gemacht wird, möchte ich Ihnen auch an einem typischen Beispiele zeigen. Der Mitbesitzer einer kleineren Firma, dem ich sehr viel Guß damals gab, den er zu ganz unverständlichen Preisen übernahm, sagte mir eines Tages — es war 1908, als die Konjunktur schlecht war —, es wäre gar nicht mehr möglich, heute gewinnbringende Preise zu erzielen; er sei bei einer Firma in der Nähe von Hagen gewesen und hätte offeriert zu M. 20. Daraufhin wäre ihm von dem Besitzer gesagt worden: »der Preis ist zu hoch, ich habe von der und der Firma ein Angebot von M. 18.« Daraufhin habe er ihm erklärt, wenn der es zu M. 18 kann, kann ich es zu M. 16« (Vertraulich würde ich den Namen und alles übrige nennen.) Er kam dann nach einigen Tagen wieder zu mir, und ich fragte ihn: »Na, haben Sie die Sache bekommen?« Daraufhin gestand er mir, daß sie durch gegenseitiges Unterbieten es soweit gebracht hätten, daß der andere den Auftrag nun zu M. 12 übernommen habe. (Heiterkeit.)

Wir hatten für unsere Gasmaschinen in großen Mengen Radschutzkästen zu machen und hatten diese einem Werke in Auftrag gegeben. Wir bekamen mit Mühe und Not das Werk (Hochofengießereien gaben sich überhaupt nicht dazu her) dazu, diese Stücke zu machen zu M. 315 die Tonne. Ich gab daraufhin damals 18 Stück in Auftrag, trotzdem wir so viel Maschinen noch selber nicht in Auftrag hatten. Als die 18 Stück fertig waren, wollte ich weitere in Auftrag geben. Da erklärte mir der Leiter der Gießerei, unter M. 350 könnte er es in Zukunft nicht machen. Daraufhin lieferte eine andere reine Eisengießerei zu M. 250, eine weitere dieselben Stücke zu M. 215, und jedesmal, nachdem sie sie fertiggestellt hatten, verzichteten sie auf weitere Lieferungen in diesen Stücken. Darauf bot dann eine Firma zu M. 170 an. Ich kannte zufällig die Kalkulation dieser Firma. Die Firma kalkulierte, wie ich ihrem Vertreter vorrechnete, folgendermaßen: »Sie rechnen Ihre gesamten Kosten für Hilfsarbeiterlöhne, Schmelzerlöhne, Generalunkosten, alles aufs Eisen; Sie haben danach einen Preis für flüssiges Eisen von M. 100 die Tonne; ich weiß, daß Sie für diese Stücke M. 45 pro t zahlen an Löhnen für Former plus Kernmacher; das sind insgesamt M. 145; das ist Ihr Selbstkostenpreis.« — Eine solch schöne Kalkulation: Mit M. 145 rechnete er seine Selbstkosten bei Stücken, die M. 45 Löhne für Kernmacher und Former erforderten! Ich sagte ihm, ich will Ihnen einen Verdienst von M. 20 gestatten auf die Stücke und biete Ihnen die Stücke hiermit an zu M. 165; ich will Ihnen sogar noch eine größere Menge bestellen. Die Firma freute sich außerordentlich, daß sie diese Stücke für M. 165 übernehmen konnte, und ich habe damals für — ich weiß nicht mehr genau — 30 Maschinen oder so gleich im Vorrat bestellt. Meine Herren! Es liegt eben vor allen Dingen daran, daß die Gießereien zum großen Teile überhaupt nicht kalkulieren können; und das sind nicht die großen Gießereien, sondern die kleinen Gießereien.

Sie sagten vorhin, man solle Stücke bis zu 10 t Gewicht den kleineren Gießereien überlassen. Allerdings, die kleinen Gießereien rechnen sich da aus, daß sie mit den Stücken von 10 t oder noch größer ihre Unkosten ermäßigten. Sie haben keinen Begriff davon, daß das in Wirklichkeit gar nicht der Fall ist, und daß sich in Wirklichkeit diese schwereren Stücke verhältnismäßig teurer stellen als die kleineren Stücke. Ich meine nicht etwa bezüglich der produktiven Löhne, sondern sonst: bezüglich Transport, Platz usw.; meistenteils sind sie auch noch komplizierter. Es herrscht aber dieser Glaube, und es werden gerade größere Stücke von den kleineren Gießereien mit der Begründung, wir müssen Füllartikel haben, sehr billig angeboten, so billig, daß die Hochofengießereien — und da handelt es sich um Hochofengießereien, sondern es ist der Gegensatz von kleineren Gießereien zu großen — nicht mit können, aber trotzdem gezwungen sind, um sich nicht alles entgehen zu lassen, solche Preise auch mitzumachen. Wir haben eine ganze Menge reine Eisengießereien, die genau so billig größere Stücke bzw. viel billiger offerieren als die Hochofengießereien. Ich will Namen vorläufig nicht nennen.

Ich möchte aber noch auf eins hinweisen, daß vor kurzem bezüglich einer gewissen Gruppe von Gußstücken die Hochofengießereien eine Preisvereinbarung schließen wollten. Es war auch eine reine Gießerei an den Lieferungen für die betreffenden Werke beteiligt. (Zwischenruf: Mehrere!) Jawohl, eine ganze Menge; mit einer speziell, welche dort große Lieferungen hat, sollte ein Abkommen getroffen werden. Es wurde ihr angeboten, daß man ihr einen Vorsprung lassen wollte von M. 10 die Tonne, derart also, daß bei Staffelpreisen, wo die Hochofengießereien meinethalben M. 160 für die t offerieren, diese Gießerei zu M. 150 für die Tonne offerieren durfte. Diese Gießerei hat das Anerbieten ausgeschlagen mit der Begründung, daß sie mindestens M. 15 für die t haben müsse. — Meine Herren! Wenn derartige Forderungen gestellt werden, dann hört überhaupt jegliche Verständigung zwischen Hochofengießereien und reinen Eisengießereien auf!

Wilhelm S c h u l t z, Lünen: Meine Herren! Ich meine, daß diese ganze Frage des Verhältnisses zwischen reinen Gießereien und Hochofengießereien vom grundsätzlichen Standpunkte aus betrachtet werden muß. Es ist klar, daß in Einzelfällen von beiden Seiten gesündigt wird in den Preisen, und das ist bekannt, daß namentlich die kleineren Gießereien stellenweise schlecht oder gar nicht kalkulieren. Anderseits ist nicht zu verkennen, daß der Preisdruck, der auf der ganzen Branche liegt, durch die gesteigerte Produktion der Hochofengießereien in erster Linie hervorgerufen worden ist. Es ist nicht zu bestreiten, daß gerade die kolossalen Produktionen, mit denen die Hochofengießereien auf den Markt kommen, auch die reinen Eisengießereien zwingen, stellenweise bis an die Grenze der Preise zu gehen, wo sie noch rentabel bleiben, weil sie sagen, wir wollen uns nicht herausdrücken lassen, und vielleicht gleicht es sich durch andere Artikel wieder aus.

Meine Herren! Diese ganze Frage der Hochofengießereien ist nach meiner Meinung eine rein kapitalistische Frage. Die Hochofengießereien werden nach meiner Meinung nicht gegründet, um an den meisten Gußwaren wesentlich zu verdienen, sondern sie werden gegründet, damit die Hochofenwerke dasjenige Eisen, welches ihnen durch die Beschränkung ihres Absatzes durch das Syndikat noch zur Verfügung steht, ohne daß sie es als Roheisen absetzen können, an den Markt bringen und damit ihre Hochofenproduktion vergrößern können. Nun könnte man sagen, das sei eine wirtschaftliche Entwicklung, gegen die man nichts machen könnte, es wäre die Tendenz zum Großbetrieb. Aber das ist in diesem Falle nicht zutreffend nach meiner Meinung. Die Produktionen, die die Hochofenwerke an Roheisen durch ihre Gießereien auf den Markt bringen, könnten sie nach meiner Meinung viel leichter und jedenfalls mindestens ebenso gewinnbringend durch ihre Walzwerke auf den Markt bringen, indem sie weniger Gießereieisen produzieren, sondern solches für Walzprodukte. Und jedenfalls würden die Verhältnisse auf dem Walzmarkt dadurch wohl gar nicht groß geändert werden; denn so groß ist die Produktion schließlich an Gießereiroheisen gegenüber der Produktion an Eisen für Walzprodukte nicht. Anderseits aber wird durch diese kolossale — im Verhältnis zum Bedarf an Gießereiprodukten — Produktion der Hochofengießereien der ganze Markt in diesen Gießereiprodukten geworfen, und es werden Zustände herbeigeführt, die schließlich tatsächlich zum Ruin eines großen Teils der Gießereien führen müssen. Denn die Gießereien (darüber wollen wir uns klar sein) schreien und wehren sich nicht zum Vergnügen. Wenn es geschieht und überall und bei jeder Gelegenheit geklagt wird über die Hochofengießereien, so hat das seinen materiellen Grund, darüber ist nicht wegzukommen.

Wenn nun die Hochofengießereien sich bereit erklären, bei jeder Gelegenheit, wie es noch vor ein paar Tagen so schön in der Generalversammlung von Gelsenkirchen geklungen hat, sich mit den Gießereien im Guten zu verständigen, so glaube ich nicht, daß man dem großen Wert beimessen kann, wenn nicht an den Grundlagen geändert werden, von denen die großen Werke ausgehen bei der Errichtung und bei der Vergrößerung ihrer Gießereien, wenn sie eben nicht darauf verzichten, ihre Mehrproduktion auf dem Gebiete der Gießereiprodukte zu suchen, statt auf anderen Gebieten. Ich meine aber, daß das Gebiet des Gießereigewerbes eigentlich nicht dazu da ist, um den Ausdehnungsdrang der Großbetriebe zu befriedigen; sondern was die Gießereien verlangen können und was sie fordern müssen, das ist doch jedenfalls eine Basis, auf der sie auch für die Folge wirtschaftlich vorteilhaft arbeiten können. Sie können verlangen, daß ihre wirtschaftliche Existenz beachtet wird von den Großbetrieben, und wenn das nicht freiwillig gehen kann und soll, so müssen eben Mittel und Wege gefunden werden, wodurch sie dazu gezwungen werden. Und da würde es darauf ankommen, diese Mittel und Wege zu finden.

Meine Herren! Es ist neben anderen Mitteln gesprochen worden von der Aufhebung des Roheisenzolles, und es ist gesagt worden, aus grundsätzlichen Bedenken dürfte man darauf nicht eingehen und müßte davon Abstand nehmen. Ich meine, das wäre nicht der Fall. Wir wollen mal bei der Landwirtschaft nach Beispielen suchen. Sehen wir uns den Futterzoll an; da handelt es sich auch um ein Rohprodukt für die Landwirtschaft. Es ist niemals davon gesprochen worden, daß es eine Durchbrechung des Zollprinzips wäre, wenn die Futtermittel im Zoll niedriger gesetzt würden. Und wenn der Roheisenzoll zu einer Zeit geschaffen worden ist, wo die Hochofengießereien nicht mit dem Auslande konkurrieren konnten, die längst vorüber ist, so soll er nicht jetzt dazu dienen, ein weiter verarbeitendes blühendes Gewerbe zu ruinieren; dann ist es die allerhöchste Zeit, daß er abgeschafft wird, und ich glaube nicht, daß man im allgemeinen volkswirtschaftlichen Interesse dem widersprechen könnte. Es wäre selbstverständlich angenehmer und wünschenswerter, wenn die Hochofengießereien zur Einsicht kämen, daß es auf diesem Wege nicht weiter geht, daß nicht nur ein Privatinteresse, sondern ein direktes staatliches Interesse in Frage kommt, wenn sie auf diesem Wege fortschreiten. Aber ich meine, wenn es nicht möglich ist, zu einer Einigung zu kommen, wenn die Selbsthilfe versagt, so müßte unter allen Umständen die Hilfe des Staates in Anspruch genommen werden und zwar unter anderem in der Weise, daß auf eine Reduktion oder eine Beseitigung des Roheisenzolles hingearbeitet wird. Denn dadurch würde jedenfalls ein erheblicher Vorsprung der Hochofengießereien beseitigt werden. Ob die Maßnahme zu empfehlen ist oder nicht — ich meine, ob sie nötig ist oder nicht, das wird vielleicht die Debatte ergeben, und ich möchte selbstverständlich wünschen, daß es zu einer gütlichen Einigung käme. Aber ich glaube, wir dürfen uns von dem rein platonischen Wohlwollen der Hochofengießereien nicht zu viel versprechen, weil deren Handlungsweise eben von ganz anderen Ursachen und Beweggründen geleitet wird, als sie gewöhnlich zutage treten.

Dr. Wedemeyer: Ich möchte mir eine Frage erlauben. Sie sprechen eben von der Aufhebung des Roheisenzolles. Ich möchte Sie mal fragen: halten Sie es für berechtigt, wenn ein Roheisenzoll aufgehoben würde, daß dann noch ein Zoll für Gußwaren bestehen bleibt gegenüber dem Auslande? Und welchen Erfolg versprechen Sie sich davon, wenn der Zoll für Gußeisen ermäßigt würde, z. B. für Lieferungen von Belgien nach Deutschland? (Schulz ruft: Das habe ich nicht recht verstanden!) Sie wünschen, daß der Roheisenzoll ermäßigt würde. Halten Sie es für billig, daß, wenn der Roheisenzoll beseitigt würde, dann der Zoll für Gußwaren noch bestehen bliebe?

Wilhelm Schultz, Lünen: Ich halte ihn so lange für berechtigt, wie Belgien Guß zu Preisen nach Deutschland liefern kann, zu denen inländische Fabriken nicht liefern können. (Dr. Wedemeyer ruft: Aha!) Ich halte für erwiesen und habe von kompetenter Seite gehört, daß die modernen gemischten Werke in der Lage sind, in Roheisen sowohl wie Walzwerksfabrikaten jetzt mit jedem anderen Lande im Inland sowohl wie auf dem Auslandsmarkt zu konkurrieren und selbst zu unterbieten zu Preisen, bei denen der ausländische Wettbewerb nicht mehr mitkann.

Passavant junior, Michelbacher Hütte. Ich möchte auf die Ausführungen des Herrn Dr. Wedemeyer eins erwidern, daß er in einem Bezirk arbeitet, dessen Werke unter den Gießereien wegen ihrer Preisstellung auch ziemlich berüchtigt sind, und daß nicht überall nach derselben Art

verfahren wird. Zweifelsohne herrscht heute in den reinen Gießereien eine große Erbitterung gegen die Hochofengießereien und auch gegen den Roheisenverband. Wie weit dieselbe berechtigt ist, kann ich nicht entscheiden und will ich auch hier nicht entscheiden. Ich glaube aber, daß darin sehr übertrieben wird. Es ist auch bezeichnend, daß diese Klagen in eine Zeit schlechter wirtschaftlicher Konjunktur fallen. Ganz sicher scheint mir aber der ganze Übelstand darin zu liegen, daß eine gesunde Preispolitik, wie von seiten des Herrn Dr. Wedemeyer allerdings richtig angeführt wurde, auf seiten der reinen Gießereien nur in sehr geringem Umfange besteht. Ich möchte daran erinnern (ein Teil der Herren hat ja der Versammlung beigewohnt) wie ich im Herbst auf der Gruppenversammlung in Frankfurt anregte, mit unseren Preisen doch rechtzeitig gemeinschaftlich nachzugeben. Dieser Antrag wurde abgelehnt mit der Begründung, daß durch einen Nachlaß, es war von M. 1 pro 100 kg die Rede, also ca. 5%, die Geschäftslage erschüttert werde. Es ist aber bezeichnend, daß nachher Gießereien, die dort mit gegen den Abschlag gestimmt haben, nach der Versammlung hingegangen sind und ihre Preise ganz bedeutend reduziert haben, teilweise sogar um M. 10 pro 100 kg unter bestehende Preise gegangen sind. (Dr. Wedemeyer: Sehr richtig!) Den Grund sehe ich darin, daß man vielfach über die wirtschaftliche Entwicklung, sowie Lage und Art der Konjunktur nicht genügend unterrichtet ist, und daß — leider Gottes muß ich das als reiner Gießer feststellen — gerade von seiten der reinen Gießereien in dieser Beziehung viel gesündigt wird. Ich glaube, wenn man von Heilmitteln spricht, daß es am besten ist, wenn man erst einmal allgemein sich etwas mehr mit der Preislage und Preispolitik beschäftigt, nicht auf der Grundlage, einen hohen Preis zu erzielen, möglichst horrende Preise, wie das meist bei einer Verständigung gewünscht wird, sondern Preise, die der wirtschaftlichen Lage entsprechend auf einer gesunden Grundlage aufgebaut sind. Und da wird sich ergeben, daß die eine Gießerei selbstverständlich billiger produziert wie die andere. Hierbei ist meiner Auffassung nach nicht zu verkennen, daß die Hochofengießereien in vielen Fällen billiger produzieren. Das scheint mir aber mit gegeben durch ihre meist besseren Einrichtungen gegenüber vielen reinen Gießereien, sowie ihr großes Kapital, wodurch sie eben in der Lage sind, große und gute Einrichtungen zu schaffen. Ich glaube, daß diejenigen reinen Gießereien, die sich auf Spezialartikel eingerichtet haben, sehr wohl in der Lage sind, auch mit einem gewissen Erfolg mit Hochofengießereien zu konkurrieren. Bopp & Reuter ist eine reine Gießerei und konkurriert, soviel ich weiß, sehr erfolgreich, und es dürfte manchem Hochofenwerk schwer fallen, die Preise von Bopp & Reuter zu halten. Und man kann doch sicher sein, daß ein solches Werk seinen Preisen eine gediegene Kalkulation zugrunde legt.

Dr. Wedemeyer: Sie haben eben schon gesagt, daß die Gießereien selbst nicht wissen, welche Preise sie eigentlich fordern müßten, daß sie darüber keine Vereinbarung haben. Ich möchte da erinnern an die Verhandlungen in Nürnberg im Jahre 1906. Dort hatten die Ofengießereien eine Versammlung gehabt und hatten beschlossen, daß die Gußpreise um M. 1 pro 100 kg erhöht werden sollten. Es tagte darauf die Gruppe der Maschinengießereien, und der betreffende Herr, der die Versammlung leitete, sagte: »Ich brauche wohl nicht lange zu reden, sondern ich schlage vor, daß wir für uns denselben Beschluß fassen wie die Ofengießereien«. Mit Hallo sollte das angenommen werden. Da erlaubte ich mir, die bescheidene Frage zu stellen, welches denn eigentlich die Preise wären, welche erhöht werden sollten; ich hätte bis jetzt in meiner Praxis derartige Richtpreise für Maschinenguß noch nicht kennen gelernt. Daraufhin entstand eine sehr fühlbare Verlegenheit. Der Vorsitzende selber wußte nichts Positives darauf zu erwidern und es wurde dann, weil man absolut keine festen Grundlagen angeben konnte, der Beschluß gefaßt, man sollte sehen, daß die Preise möglichst auf der Höhe erhalten werden, wie bisher, oder noch erhöht würden. Ja, meine Herren, wenn Sie derartig vage Beschlüsse fassen, wenn Sie überhaupt gar keine festen Grundlagen haben für Ihre Preispolitik, wann soll dann überhaupt das Gießereigewerbe mal bessere Zeiten erleben? Und wie können Sie denn überhaupt, wenn die reinen Gießereien nicht einmal wissen, was wirklich angemessene Preise sind, den Hochofenwerken Vorwürfe machen, daß sie mit Preisen, von denen sie gar nicht einmal wissen, ob sie billiger sind als die der reinen Eisengießereien, unterbieten? Vorausgesetzt, daß die Hochofengießereien dieses überhaupt tun.

Vorsitzender: Derartige Beschlüsse des Vereins Deutscher Eisengießereien beziehen sich auf Vereinbarungen, die innerhalb bestimmter Gruppen und Bezirke des Vereins bestehen. Von diesen werden die Beschlüsse auch eingehalten. So ist für die im Verein Deutscher Eisengießereien vereinigten Gießereien der Beschluß des Gesamtvereins maßgebend für die Erhöhung der Skalenpreise. Daß im übrigen die Bestrebungen zur Festlegung von Richtpreisen immer wieder vergeblich waren, liegt eben an der ganzen Art unseres Geschäfts und ich glaube nicht, daß solche Bestrebungen jemals zu einem vollständigen Erfolg führen werden.

Ich bitte wiederholt die Herren von den Niederrheinisch-Westfälischen Gruppen, auf deren Veranlassung wir die heutige Besprechung einberufen haben, sich zu äußern. Bis jetzt hat erst einer der Herren aus den Niederrheinisch-Westfälischen Gruppen gesprochen.

Franz Waltermann, Neuß. Es wurde mir dieser Tage von meiner ersten Kundschaft, einer bedeutenden Maschinenfabrik, erklärt, sie könne mir die Gußkörper zu ihren Maschinen für die Folge nicht mehr bestellen, da sie dieselben von der Meidericher Hütte M. 30 für 1000 kg billiger bekommen könnte; die Körper über 10 000 kg noch billiger. Da dieses erst kürzlich mir erklärt wurde, kann ich weiter nichts sagen und muß abwarten, ob die Firma mir weiter keine Körper mehr bestellen wird.

Vertreter von Thyssen & Co.: Wie vorsichtig im allgemeinen derartige Behauptungen aufzufassen sind, kann der Fall Breuer, Schuhmacher lehren, auf den ich zurückkommen wollte wegen der Ausführungen des Herrn Karthäuser. Wir haben bisher größere Lieferungen bei der Firma Breuer, Schuhmacher gehabt, die bekanntlich eine ganze Reihe von Gußlieferanten hat. Die Firma hat uns zu Anfang dieses oder Ende vorigen Jahres — ich weiß nicht mehr genau — erklärt, daß ihre sämtlichen Lieferanten ihr einen Nachlaß von M. 10 auf die Skalenpreise gegeben hätten. Wir sind in diesen Nachlaß nicht eingetreten, wir haben es strikte abgelehnt. Wir haben einen kleinen Nachlaß gewährt, aber bei weitem nicht den, den man beansprucht hat. Dann ist die Festlegung auf das Quantum (Kilo) abgelehnt. Der Erfolg ist, daß wir heute überhaupt nichts bestellt bekommen. Man hat uns erklärt, daß die sämtlichen Gießereien, die außer uns in Betracht kämen, den Skalenpreis annahmen. Ich weiß auch von einigen reinen Gießereien, daß sie es angenommen haben. Ich müßte mir eine Prüfung des Falles vorbehalten. Vielleicht können Sie hinterher die Einzelheiten hören.

Karthäuser: Ist ein Vertreter von Gebrüder Meer, M.-Gladbach, da? — Also nicht da! Ich glaube, Herr Morhenn von J. Buderus weiß Bescheid über diese Sache. Die Firma Breuer, Schumayer & Co. hat nur eine Skala gegeben und im allgemeinen mitgeteilt, daß sie für 1914 mit dem größten Teile der Gußlieferer zu dieser Skala abgeschlossen habe. Die neue Skala bewegte sich

bis zu M. 27 für 1000 kg unter den Preisen für 1913. Ich habe der Firma geschrieben, diese Preise könne ich nicht annehmen. Die Firma möge, wenn sie einen Auftrag haben wolle, von Fall zu Fall anfragen. Was ich von der Maschinenfabrik bekomme, sind vielleicht im Monat 10 bis 15 000 kg, und das nach vorheriger Anfrage. Modellguß habe ich gar nicht mehr. Das wollte ich zur Beruhigung des Vertreters von Thyssen & Co. sagen.

Es wurde nun vorhin gesagt, daß bei einer Besprechung bei einer anderen Gießereigruppe eine Firma so ängstlich gewesen sei, M. 15 auf die Tonne voraus zu fordern. Ich war selbst auch mit dabei und hatte den Eindruck, den wohl die andern Teilnehmer an jener Besprechung bestätigen werden, der Vertreter jener Gießerei, die einen Vorsprung von M. 10 für die Tonne als ungenügend ablehnen zu müssen glaubte, war ein ängstlicher Herr. Er hatte einen ganzen Stoß Kopierbücher mitgebracht, um zu beweisen, daß er nicht billiger angeboten hätte, und ich glaube, wenn man ihm M. 15 Vorsprung gegeben hätte, hätte das auf die ganze Vereinbarung noch keine 3% vom Ganzen ausgemacht. (Widerspruch!) Auf dem Standpunkt stehe ich. Ich habe jenes Mal erklärt, daß ich mich an der erwähnten Preisvereinbarung beteiligen würde, man möge aber auch in unserem Bezirk für eine Verständigung sorgen, habe aber bis jetzt nichts wieder davon gehört.

Direktor Dörmer, Eisenwerk Kraft, Niederrheinische Hütte: Ich möchte auf die Ausführungen des Herrn Karthäuser zunächst feststellen, daß Herr Karthäuser sich in genau denselben Verhältnissen befindet wie die übrigen Hochofengießereien. Sie (zu Karthäuser) sind gerade so gut eine Hochofengießerei wie wir! (Sehr richtig.) Sie beziehen Ihr Roheisen von der Firma Krupp. Was Sie für einen Verrechnungspreis bezahlen, weiß ich nicht. Jedenfalls bezahlen wir für unser Roheisen denselben Verrechnungspreis, den die übrigen Abnehmer des Roheisenverbandes auch an den Roheisenverband zu zahlen haben. Wie es andere Hochofenwerke machen, weiß ich nicht. Die Niederrheinische Hütte macht es jedenfalls so. Im übrigen aber möchte ich wegen der Preise von Breuer, Schuhmacher erwähnen: Sie sagten vorhin, daß die Niederrheinische Hütte und Meiderich Ihnen als Konkurrenz genannt worden seien. Die Niederrheinische Hütte hat die Gußstücke nicht hereingenommen. Es ist uns nicht angeboten worden, zu dem Preise zu liefern. Wenn Sie wissen wollen, wer die Gußstücke hat, so müssen Sie in die Kreise der reinen Eisengießereien hineingehen und müssen sich die Siegener Eisengießerei Koch ansehen; da können Sie noch andere Gußpreise erleben. Ich kann Beispiele anführen, daß die Siegener Eisengießerei Koch — das ist die eine —, daß ferner die Berlin-Anhaltische Maschinenbau-Aktien-Gesellschaft, Köln-Bayenthal — die andere —, daß Gebrüder Meer — das ist die dritte — Gußpreise gemacht haben, welche nicht M. 10 oder 20 pro t unter den üblichen Preisen liegen, sondern M. 40 bis 50 pro t unter den Preisen liegen, die für uns die Selbstkosten bedeuten. Es fällt uns gar nicht ein, zu derartigen Preisen Guß hereinzunehmen, denn die Gießereien der Hochofenwerke — das muß auch auseinandergehalten werden — sind selbständige Betriebe, die ihre selbständigen Kalkulationen abgeben müssen, und wenn der Betrieb nichts verdient hat, dann kriegt der Betriebschef Ende des Jahres große Vorwürfe. Die Betriebschefs der Hochofengießereien sind ebensogut auf Tantieme gesetzt wie die Betriebschefs und Betriebsdirektoren von reinen Eisengießereien. Sie bedanken sich ebenfalls dafür, wenn das Jahr herum ist, nichts herausgezahlt zu bekommen.

Wegen des anderen Falles, den Sie (Redner meint Karthäuser) zuletzt anführten bezüglich der Preisvereinigung, ist aus dem Grunde nichts geschehen, weil Sie allerdings damals erklärt haben, Sie machten wahrs c h e i n l i c h mit. Sie haben nicht erklärt, daß Sie bestimmt mitmachten. Sie haben noch einen Vorbehalt gemacht. Der Vorbehalt Ihrerseits ist bis jetzt noch nicht gefallen, und wir haben nicht Lust, ein Abkommen mit Ihnen in einer anderen Sache zu treffen, wenn das eine Abkommen mit Ihnen nicht perfekt geworden ist.

K a r t h ä u s e r : Diese Erklärung ist erfolgt gegenüber dem Herrn M o r h e n n vor ungefähr drei Wochen, aber auch wieder unter der Bedingung, daß man in hiesigem Bezirk sich vereinbart. Ich wollte erst die heutige Versammlung abwarten, ehe ich die Zustimmungserklärung gebe. Wenn ich an anderer Stelle mich einigen soll mit den Hochofenwerken, und ich werde dann im eigenen Bezirk von den Hochofenwerken bekämpft, so wäre das Torheit von mir. Das können Sie mir nicht zumuten.

M o r h e n n , Buderussche Eisenwerke: Ich kann nur erklären, daß Herr K a r t h ä u s e r vor einiger Zeit bei mir war wegen einer Verständigung, und daß er mir sagte, er wäre grundsätzlich geneigt mitzumachen, aber er hätte noch Sonderbedingungen zu stellen, worauf ich ihn bat, er möchte mir die Sonderbedingungen bekannt geben, damit ich sie weitergebe. Bis heute vermisse ich jedoch diese Sonderbedingungen.

Dann möchte ich noch mit ein paar Worten zurückgreifen auf die Ausführungen des Herrn Fabrikanten L i n n m a n n von den E s s e n e r E i s e n w e r k e n. Er hat uns vorgeworfen, daß wir in Abflußröhren Ausfuhrgeschäfte zu einem sehr niedrigen Preise, den ich im Augenblick nicht kontrollieren kann, hereingenommen hätten. Ich bemerke hierzu, daß alle unsere Bemühungen, Ausfuhrgeschäfte von Bedeutung über Hamburg zu machen, bislang gerade an dem Verhalten der Essener Eisenwerke gescheitert sind, die uns immer wieder unterboten haben. Wir haben uns gefragt, wie es möglich ist, daß von den reinen Gießereien derartige Preise gestellt werden, die unsere Selbstkosten nicht decken. Hier und da haben wir einige Aufträge hereingenommen, um uns nicht verdrängen zu lassen. Mit Zahlen kann ich in diesem Augenblick nicht aufwarten. Ich bin gerne bereit, sie noch nachzubringen. Dagegen würde ich nachher im weiteren Verlauf der Debatte noch anderes Material über Preisunterbietungen durch reine Eisengießereien bekannt geben können, doch glaube ich, daß das einstweilen noch anstehen kann.

L i n n m a n n : Ich muß gegenüber den Ausführungen des Herrn M o r h e n n erklären, daß B u d e r u s niemals an uns herangetreten ist wegen Preisvereinbarungen, — niemals! (Zu M o r h e n n gewandt): Erkundigen Sie sich nur bitte. Wir haben seinerzeit, als das Abflußrohrsyndikat gegründet wurde, eine verhältnismäßig kleine Quote gehabt, und es wurde uns von einem Vorstandsmitgliede von B u d e r u s nahegelegt und gesagt: Sie können sich an dem Export schadlos halten. Wir haben immer exportiert, und zwar erhebliche Mengen und sind niemals von B u d e r u s weiter belästigt worden, erst in der letzten Zeit. Der Vertreter von B u d e r u s sagt, sie hätten sich gewundert, daß wir zu solchen Preisen liefern können als reine Eisengießerei. Demgegenüber muß ich erwidern, daß wir damals sehr gute Preise bekommen haben, die mindestens M. 300 über dem liegen, was B u d e r u s angegeben hat. (Zu M o r h e n n): Wenn Sie sich mal erkundigen wollen, werden Sie es sehen. Die Ausführungen des Herrn M o r h e n n stimmen nicht.

M o r h e n n : Nur ein Wort! Ich kann nur sagen, daß wir nur notgedrungen auf die Notierungen der Essener Eisenwerke eingegangen sind, von dem Wunsche geleitet, überhaupt mal wieder ein Geschäft zu machen. Nicht wir haben die Preispolitik bestimmt, sondern die Essener Eisenwerke.

H o l t h a u s , Gelsenkirchener Bergwerks - Aktiengesellschaft: Meine Herren! Sie machen den Hochofengießereien immer den Vorwurf, daß sie die Arbeit den reinen Gießereien fortnähmen. Ich möchte da mal ein Gegenstück erzählen. Bis vor ca. 6 Jahren war die Lieferung von Formstücken, die zu Röhren gehören, ausschließlich ein Fabrikationszweig der Röhrengießereien und in der Hauptsache der Hochofengießereien, weil diese in der Hauptsache Röhren herstellen. Seit 6 Jahren hat sich das Bild vollständig verschoben, da viele Firmen, besonders in Süddeutschland, wie Hilpert, Nürnberg, Laufach, Kaiserslautern, Benckiser in Pforzheim, Pörringer & Schindler, Zweibrücken, Breuer & Co., Höchst, Bopp & Reuther, Mannheim, und viele andere jetzt die Formstücke machen. Diese Firmen haben uns hier verdrängt und liefern jetzt die Formstücke zu M. 140 pro t frei Westfalen und Rheinland. (Sehr richtig!)

Wir haben früher M. 100 die Tonne mehr erzielt und sind gezwungen worden, wenn wir jetzt nicht diese Fabrikation aufgeben wollen, diese Preise, die selbst für uns keinen Nutzen lassen, auch einzuräumen. Ich meine, meine Herren, Sie sind da doch auf der falschen Fährte, wenn Sie glauben, daß die Hochofenwerke die Preise verderben und Ihnen die Arbeit wegnehmen. Das Umgekehrte ist der Fall gewesen.

Ich möchte auch hier noch ein Beispiel angeben. Es waren fünf Zylinder mit Futter angefragt von einer Maschinenfabrik hier in der Nähe. Ich hatte den Vorzug, dort sämtliche Originalofferten einzusehen und konnte den Auftrag bekommen. Es waren drei Hochofengießereien vertreten, und zwar die Niederrheinische Hütte, die Friedrich-Wilhelms-Hütte in Mülheim-Ruhr und die Gelsenkirchener Bergwerks-Akt.-Ges. in Gelsenkirchen. Die Preise für die Zylinder — es hatte keine Verständigung stattgefunden — der drei Hochofengießereien waren M. 270 bei der Niederrheinischen Hütte, M. 267,50 bei der Friedrich Wilhelms-Hütte und M. 275 bei der Gelsenkirchener Bergwerks-A.-G. Die Futter dazu waren angeboten von der Niederrheinischen Hütte zu M. 215, von der Friedrich-Wilhelms-Hütte zu M. 267,50 und von Gelsenkirchen zu M. 225. Die übrigen Preise, die vorlagen, waren: von der Vereinigten Eisenhandlung und Maschinen-Akt.-Ges. in Barmen M. 198 für die Zylinder, für die Futter M. 143. Die Siegener Maschinenbau-Anstalt hatte M. 215 für die Zylinder und M. 180 für die Einsätze, die Sayner-Hütte M. 235 für die Zylinder und M. 215 für die Einsätze.

Es sind noch mehr Offerten vorhanden. Sie ersehen aber schon hieraus, daß die Hochofengießereien Preise hatten, die wesentlich höher waren, bis zu M. 50 die Tonne, wie die der reinen Eisengießereien. Wenn meine Firma das Objekt hereinnehmen wollte, so sollten wir einen Mittelpreis machen zwischen dem billigsten und unserem Preise. Selbst das haben wir abgelehnt, meine Herren.

K a r t h ä u s e r : Da sieht man wieder, wie mit dem Einkauf bei den Maschinenfabriken vorgegangen wird. Ich bekam eine Depesche: Wir geben ein Limit zu M. 19 für die Zylinder und M. 14 für die Futter. Ich habe geantwortet, daß wir das Limit ablehnen. Herr D ö r m e r , Sie wollten hier Vorwürfe erheben. Sie haben gesagt, das hat die Saynerhütte gekriegt. (Zuruf von Direktor D ö r m e r : Das war etwas anderes!)

Dr. W e d e m e y e r (zu K a r t h ä u s e r): Ich muß sagen, in diesem Falle hat die Maschinenfabrik Ihnen gegenüber noch ziemlich korrekt gehandelt. Sie hatte ein Angebot von M. 19,50 für Zylinder und M. 14,80 für Futter. Sie hat Ihnen ein Limit gesetzt von M. 19 und M. 14, ohne zu sagen, daß das der Konkurrenzpreis wäre. Das ist doch ganz anständig gehandelt von der Firma. (Heiterkeit.) Vom Standpunkte der Maschinenfabriken aus.

Ich habe vorhin gesagt, daß ich bei der Firma Thyssen nur dann in der Lage gewesen sei, billig Guß zu kaufen, wenn ich mich an reine Eisengießereien gewandt hätte. Ich habe bei der Gutehoffnungshütte dieselbe Erfahrung gemacht.

Ich will Ihnen auch noch einige Preisgebote verlesen. Es wurden Rohre und Formstücke, also etwas, was von alters her wohl eigentlich den Hochofengießereien gehört, offeriert von P o t t h o f & F l u m e zu M. 27, von der Friedrich-Wilhelms-Hütte zu M. 33,80. Ich will nicht alle Namen von den reinen Eisengießereien verlesen, aber die der Hochofengießereien. Zylinder boten an eine Gießerei in Düsseldorf zu M. 26,60, Schalke zu M. 37,50, Niederrheinische Hütte zu M. 33,50. Andere Zylinder die Gießerei aus Düsseldorf zu M. 29,50, Schalke zu M. 41, Niederrhein zu M. 37. Zwischenstücke wurden angeboten von einer reinen Eisengießerei zu M. 27, von Schalke zu M. 37,50. Grundplatten von einer reinen Eisengießerei, die eine Fracht von ungefähr M. 10 die Tonne hat, zu M. 21, von dem Eisenwerk Kraft zu M. 29. Weiter Grundplatten zu M. 21 ebenfalls von dem ersten Werk, von dem Eisenwerk Kraft zu M. 33,50.

Es wurde vorhin gesagt, daß die Maschinenfabriken die Unwahrheit sagten. Das ist es ja eben, daß die Gießereien sich von den Maschinenfabriken immer ins Boxhorn jagen lassen. (Zustimmung.) Es wird ihnen alles mögliche vorgeredet, und sie glauben es einfach; sie geben einfach nach und entschuldigen sich dann zu Hause damit, es hätte das billigere Angebot tatsächlich vorgelegen, und sie hätten den Auftrag nicht erhalten, wenn sie nicht nachgegeben hätten. Die größeren Werke halten an ihren Preisen ganz anders fest. Die sind zäher, und daran liegt es, daß ihre Waren bessere Preise erzielen als die der kleinen Gießereien. Es liegt eben an der Geschicklichkeit des Verkaufes, und da sind die reinen Eisengießereien tatsächlich nicht auf der Höhe, in der großen Mehrzahl wenigstens nicht, sie können zu schlecht auch einmal auf einen Auftrag verzichten.

Es wurde vorhin gesagt, daß in anderen Gruppen Vereinbarungen beständen bezüglich der Preise. Es handelt sich doch hier für die Hochofenwerke gerade um die niederrheinisch-westfälische Gruppe; denn die Hochofenwerke liegen doch eigentlich alle in der niederrheinisch-westfälischen Gruppe. Also müssen doch vor allen Dingen in dieser Gruppe Preise bekannt sein, nach denen sie sich richten sollen. Wenn sie die reinen Eisengießereien nicht unterbieten sollen, möge man doch in der niederrheinisch-westfälischen Gruppe Skalen machen, welche zur Richtschnur dienen sollen. Die Hochofenwerke — da spreche ich wohl im Namen sämtlicher Hochofenwerke, die hier vertreten sind, ich glaube nicht, daß eines sich dagegen aussprechen wird — werden diese Preisvereinbarungen gern mitmachen, vorausgesetzt selbstverständlich, daß sie gehalten werden von den reinen Gießereien, was jedoch leider vielfach nicht der Fall ist, wie wir ja vorhin erst gehört haben.

Wie von den reinen Gießereien im Verkauf gehandelt wird, möchte ich an einem Falle, der mir noch kürzlich passiert ist, erörtern. Da wurden uns im November Stücke offeriert zu M. 148 die Tonne. Es wurden ungefähr 130 t verlangt. Es rief mich im Anfang März der betreffende Anbieter an und sagte, die und die Sachen hätten sie damals offeriert. (Ich wußte nichts davon und habe mich nachher erkundigt.) Sie hätten zu M. 148 offeriert. Er möchte mir mitteilen, daß sie in der Lage wären, die Sachen heute zu M. 133 zu liefern. Wir hatten selber den Auftrag noch nicht. Die Firma war die billigste, sie war um M. 20 billiger als der Nächstbilligste und bietet mir unaufgefordert an, sie will noch um M. 15 die Tonne billiger liefern. Ist das nicht unerhört? So wird aber sehr viel gehandelt bei den Gießereien, und da brauchen Sie sich nicht zu wundern, daß Sie schlechte Preise bekommen und vor allen Dingen nicht, wenn von den Abnehmern das auch ausgenutzt wird. Die Abnehmer wären wirklich unschlau, wenn sie es nicht ausnutzten. Die

Gießereien können sich nicht darüber wundern und können es den Abnehmern nicht übel nehmen, wenn sie es so machen, weil sie selber in dieser Weise nachgeben.

Dr. R u t h e m e y e r: Mit der Frage, die zur Debatte steht, hat man sich im Kreise der Gießereien seit Jahren beschäftigt, und seit Jahren sind die Herren auf der Suche nach Mitteln und Wegen, dem allgemeinen Übel abzuhelfen. Die heutige Aussprache, meine Herren, hat in dankenswerter Weise von beiden Seiten aufs Tapet gebracht, Namen sowohl seitens der Hochofengießereien, als auch seitens der reinen Eisengießereien, und der unparteiische Beobachter und Beurteiler muß doch sagen, daß heute die vorher so viel behauptete weiße Preisweste der reinen Eisengießereien einige bedenkliche gelbe Fleckchen bekommen hat. Denn es sind seitens der Hochofengießerein unter Nennung von Namen Preisunterbietungen bekannt gemacht worden, die allein auf das Konto der reinen Gießereien zu setzen sind.

Nun ist es der Zweck der Versammlung, Mittel und Wege zu finden, dieser allgemeinen üblen Lage abzuhelfen. Da sind nun Herren aus dem Kreise der reinen Eisengießereien der Meinung, es würde schon genügen, wenn die Hochofengießereien sich dazu verständen, ihren eigenen Betrieben die Roheisenpreise zu der Skala in Ansatz zu bringen, wie der Roheisenverband sie selber fordert. Ich bin persönlich der Ansicht, daß eine gut geleitete Hochofengießerei dieses schon von sich aus tut; denn sonst würde sie am letzten Ende unwirtschaftlich arbeiten. Tut sie es aber auch im allgemeinen, so wird sie in einzelnen Fällen vielleicht dennoch hier und da davon abgehen, um ein Geschäft zu machen. Meine Herren! Sie werden wohl selber nicht glauben, daß die Hochofengießereien sich bereit finden werden, sich einer Kontrolle dahin zu unterwerfen, daß sie das Roheisen ihren eigenen Gießereien zu den Preisen in Ansatz bringen, die der Roheisenverband festsetzt. Wenn die Hochofengießereien sich damit einverstanden erklärten und sagten, wir wollen von heute ab unter allen Umständen für die eigene Gießerei Preise in Ansatz bringen wie der Roheisenverband, so haben Sie keine Kontrolle und werden nie eine Kontrolle darüber haben, daß es auch tatsächlich in allen Fällen geschieht; denn Sie müßten dann schon einen Spion innerhalb des Werkes haben, der das kontrolliert, und das würde nie jemand verstehen.

Dann ist in zweiter Linie angeregt worden, den Zoll herunterzusetzen. Meine Herren! Das werden wir nie erreichen; denn aus nationalwirtschaftlichen Gründen wird es für uns jedenfalls unmöglich sein, den großen anderen Verbänden gegenüber bei unserer Reichsvertretung eine Herabsetzung des Roheisenzolles durchzusetzen.

Dann hat man den Roheisenverband selbst angegriffen — ob mit Recht oder Unrecht, sei heute nicht zur Erörterung gestellt, meine Herren. Einige wollen nun noch weitergehen und ihre eigene schlechte Geschäftslage dadurch verbessern, daß sie zu mitbewerbenden Hochofengießereien laufen und sagen: »Ach, sei du doch so freundlich und nimm diese Posten nicht an, sondern überlasse sie mir!« Oder daß sie hingehen und fordern: »Sei bitte so gut und biete M. 10 mehr, wie ich auf die Tonne!« Ja, ernstlich wird doch keiner von Ihnen der Meinung sein, daß das praktisch durchführbar ist. Und wenn die Hochofengießereien tatsächlich ein Vorwurf treffen sollte, der sie hier und da auch mit Recht getroffen hat, daß sie durch Preisunterbietungen in gewissen Gebieten die reinen Gießereien sehr geschädigt haben, so werden die Herren ebenso häufig Fälle nennen können, daß ein Geschäft verloren haben und nicht im Wettbewerbskampf mit den Hochofengießereien, sondern in dem Wettbewerb mit den eigenen reinen Eisengießereien. Daher scheint mir als einziges Mittel in unseren Kreisen nur dasjenige zum Ziel zu führen, was auch in anderen Kreisen, in anderen Fabrikationskreisen allein zum Ziel geführt hat, d. h. eine Preiskonvention oder eine Preisfestlegung mit ganz bestimmten Sätzen, und zwar in einer Form, die kontrollierbar ist und die einen Verstoß zur Verantwortung zieht. So lange wir das nicht tun, werden wir nie zu anderen Preisen kommen, und wenn wir noch so häufig hier zusammenkommen und sagen: »Hochofengießerei, du bist schuld, oder reine Gießerei, du bist das Karnickel in dem Kampf gewesen!« Wir werden nie zu einer Verständigung kommen und nie über eine Aussprache hinaus, wenn es uns nicht gelingt, das Übel beim Schopfe zu fassen und zu sagen: mea culpa; d. h. wir selber müssen es anfassen; wir müssen Preise festsetzen und müssen uns auf diese Preise so festlegen, daß wir jeden fassen können, der dagegen verstößt. Deshalb möchte ich den Herren vorschlagen, um nach einer jahrelangen Debatte und nach unangenehmen Briefen und den gegenseitigen Anfechtungen und Anfeindungen zu einem Resultat zu kommen, eine möglichst erweiterte Kommission oder einen Ausschuß zu wählen, der noch einmal den schweren Versuch unternimmt, eine Preiskonvention oder eine Art Syndikatsvertrag zustande zu bringen. Die Schwierigkeiten, die am Wege liegen, sind in unserem Beruf vielleicht größer, denn in irgend einer anderen, aber unüberwindlich sind sie auch hier nicht, und mir scheint, daß die heutige schlechte Zeit einen sehr guten Baugrund für einen solchen Syndikatsvertrag abgeben könnte. Denn wenn es allen Leuten gut geht, dann hat man die Hilfe des Konkurrenten nicht nötig, weil für alle Arbeit genug da ist. Geht es aber allen schlecht, so schließt man sich eher dem Konkurrenten an und sucht mit ihm gemeinsam seine Lage zu verbessern. Bisher erscheint mir als die einzige Lösung, um aus dem Dilemma herauszukommen: im Wege eines Ausschusses oder einer Kommission nochmals zu versuchen, die Konkurrenten — nicht die Hochofengießereien auf der einen Seite und die Eisengießereien auf der anderen Seite, sondern alle zusammen — unter einen Hut zu bekommen, und zwar den Nachbar mit dem Nachbar und den Konkurrenten mit dem Konkurrenten.

Dr. B r a n d t: Ich möchte bloß eine Frage an Herrn Direktor D ö r m e r richten. Er hat vorhin gesagt, die Hochofengießereien müßten sich genau so gut wie die reinen Eisengießereien den Verrechnungspreis im Roheisenverband anrechnen lassen bei ihrer Gußwarenproduktion. Was ist das für ein Preis?

Direktor D ö r m e r: Der Preis, den der Roheisenverband auf dem Markt erzielt.

Dr. B r a n d t: Es gibt auch einen inneren Verrechnungspreis.

Direktor D ö r m e r: Der kommt dafür nicht in Frage, wenigstens bei uns nicht.

Dr. B r a n d t: Sie haben das nur für Ihre eigene Firma gesagt, haben aber hinzugefügt, daß nach Ihrer Ansicht es die anderen auch machten.

Direktor D ö r m e r: Soweit ich unterrichtet bin. Von anderen Firmen weiß ich es nicht.

U p h o p f, Carlshütte, G. m. b. H., Aachen: Ich möchte auf die Worte des Herrn Vorredners erwidern: ich komme von Aachen, wo wir es so gemacht haben, wie es die Herren wünschen. Wir haben für den Aachener Bezirk und die Aachener Fabrikation eine ganz feste Konvention mit festgelegten Preisen für jede einzelne Sache. Ich will z. B. sagen: eine Maschinenfabrik bearbeitet Pressen. Da ist der Preis festgelegt, die Presse kostet so viel hundert Mark, und unter dem Preis darf nicht verkauft werden. Es war alles schön und gut, wir hätten die Preise auch schön halten können, wenn uns jetzt nicht, wo allgemein die Konjunktur schlecht wird, die Umgebung den Preis verdürbe. Nun genügt selbstverständlich dieser kleine Verband nicht mehr, um die Preise aufrecht zu erhalten. Jetzt fallen sie

sich alle in die Arme, und ich möchte beinahe sagen, es tritt das Gegenteil ein von dem, was vorher gesagt wurde: »in der schlechten Zeit finden sich die Konkurrenten zusammen!« Nein, in der schlechten Zeit bekämpfen sie sich; in der guten Zeit, wo jeder verdient, ist es etwas anderes. Ich glaube, daß die gegenwärtige Zeit am allerwenigsten geeignet ist für diese Sache. Trotz alledem möchte ich vorschlagen, daß etwas größere Bezirke gegründet werden, also nicht bloß für eine Stadt, wie wir es leider Gottes gemacht haben, und möchte fragen, ob das nicht möglich ist.

V o r s i t z e n d e r: Dazu bemerke ich, daß auf Beschluß der letzten Gruppenversammlung eine Kommission sich damit beschäftigt, die Gruppeneinteilung der Niederrheinisch-Westfälischen Gruppen und benachbarter Bezirke zu untersuchen, und wir hoffen dadurch auch zu erreichen, daß die Preisvereinbarungen auf eine breitere Basis gestellt werden können.

H o l t h a u s, Gelsenkirchen: Der Herr Direktor C h a r y, der Vorgänger des Herrn Thomas in Jünkerath, hat vor 8 Jahren den Versuch gemacht, sämtliche Eisengießereien unter einen Hut zu bringen. Er war seinerzeit bei uns und sagte: »Sie brauchen nur einzutreten, dann haben wir die ganze Vereinigung geschlossen.« Ich möchte mal wissen, woran diese Sache gescheitert ist? Ich glaube auch, daß Sie Ihr Heil nur darin suchen können, daß Sie sich in größeren Gruppen zusammenschließen. Sie können sicher sein, wenn Sie sich zusammenfinden, daß Sie von den Hochofengießereien nicht unterboten werden — wir halten die Preise schon, wir wollen gute Preise haben. — Ich weiß nicht, wo die Sache damals gescheitert ist. Herr C h a r y war so vertrauensselig und sagte, es kommt in den nächsten Tagen zusammen. Seit der Zeit haben wir aber nichts wieder davon gehört.

V o r s i t z e n d e r: Auch dieser Versuch ist fehlgeschlagen, weil, wie ich vorhin schon ausführte, die in der Art unseres Geschäfts liegenden Schwierigkeiten zu groß waren. Wir haben aber die Arbeit von Chary nicht ad acta gelegt, sondern wir haben sie fortgesetzt, und das Resultat ist die Artikelliste, die vor ungefähr 2 Jahren nach sehr mühevoller Arbeit fertiggestellt wurde. Diese Liste umfaßt fast alle Artikel, die bisher normalerweise auf dem Markt erschienen und sollte als Grundlage für neue Verkaufsvereinigungen dienen. Ich hoffe nun auch, meine Herren, besonders nach der Erklärung, die Herr Dr.-Ing. W e d e m e y e r vorhin abgegeben hat und nach dem, was die Herren D ö r m e r und H o l t h a u s heute sagten, daß die Arbeit, die die Niederrheinisch-Westfälischen Gruppen leisten wollen, zu einem erfolgreichen Ende führen wird, und ich glaube, daß wir mit der Aussprache, die wir heute hier gehabt haben, von diesem Gesichtspunkte aus wohl zufrieden sein können. Sie hat uns gezeigt, daß die Hochofengießereien jedenfalls den Wunsch haben, die Preisvereinigungen, die sich unter den reinen Gießereien bilden, nicht zu stören. Auf der nächsten Gruppenversammlung der Niederrheinisch-Westfälischen Gruppe für Bau- und Maschinenguß werde ich diese Frage erneut zur Erörterung stellen, und ich hoffe, daß wir dann auch bald für uns wenigstens einen Weg finden, den wir gehen können, um dies sehr schwierige Gebiet mit Erfolg zu bearbeiten.

Dr. W e d e m e y e r: Es ist hier gesagt worden, daß Grundlagen geschaffen werden müßten in den einzelnen Gruppen, um bessere Preise zu erzielen, Richtpreise festzulegen. Wir würden es nur begrüßen, wenn dieses geschähe. Aber ich möchte hier erklären, daß, nachdem die Hochofenwerke zweimal — im Jahre 1904 und im Jahre 1908 — sich an diesen Sachen beteiligt haben und durch Schuld der reinen Eisengießereien trotz allen Entgegenkommens der Hochofengießereien keine Einigung zustande gekommen ist, die Hochofenwerke sich erst dann wieder an engeren Beratungen beteiligen werden, wenn die reinen Eisengießereien unter sich einig geworden sind und unter sich derartige Richtpreise festgesetzt haben. Ich glaube, daß ich im Namen wenigstens der rheinisch-westfälischen Hochofengießereien sprechen darf.

Herr Dr. W e r n e r hat gesagt, daß er mit dem Resultat der heutigen Besprechung zufrieden wäre. Ich möchte sagen, daß wir Hochofenwerke ebenfalls sehr zufrieden mit der heutigen Besprechung sind, denn es ist — das möchte ich hier ausdrücklich feststellen — nicht ein einziger durch Unterlagen bewiesener Fall, in welchem seitens der Hochofenwerke unterboten wäre, festgestellt worden. Ich möchte Sie nicht noch langweilen mit längeren Darlegungen über einzelne Preisunterbietungen reiner Eisengießereien. Ich kann Ihnen nur sagen, daß ich noch einen ganzen Haufen vortragen und jederzeit mit Namen belegen könnte. (Zwischenruf von Direktor D ö r m e r: Ich auch noch!) Ich verzichte aber meinerseits darauf.

Dr. B r a n d t: Meine Herren! Ich möchte doch nach den letzten Worten des Herrn Dr. W e d e m e y e r sagen, daß es doch wohl richtig ist, wenn man vielleicht die Schuld nicht nur auf einer Seite sucht, sondern auf beiden Seiten. Ich erinnere z. B. an den Fall, der sich in der Südwestdeutschen-Luxemburgischen Gruppe ereignet hat. Meine Herren! In der Südwestdeutschen-Luxemburgischen Gruppe hat Direktor H a n e n w a l d das durchgeführt, was hier als wünschenswert bezeichnet worden ist. Es ist für Maschinen- und Bauguß eine Mindestpreisliste auf Grund einer Artikelliste aufgestellt worden, und eine Zeit lang hat das auch befriedigend funktioniert. Diese Gruppe ist aufgelöst worden, und diese Auflösung ist uns mitgeteilt worden mit der ausdrücklichen Begründung, daß, nachdem es nicht möglich gewesen sei, die Halberger Hütte zu irgendeiner Mitarbeit in dieser Gruppe zu veranlassen, die Gruppe eine weitere Arbeitsmöglichkeit für sich nicht sehen könne und aus diesem Grunde gezwungen sei, sich aufzulösen. Es war allerdings nicht nur die Halberger Hütte, aber die war damals die Hauptsache. Es war auch die Firma de Dietrich, die sich bekanntlich derartigen Preisvereinbarungen fernhält, die ihnen reserviert gegenübersteht; aber es ist besonders auf die Halberger Hütte Bezug genommen, und es ist auch unserem Eingreifen von der Geschäftsstelle nicht gelungen, die Halberger Hütte zu bewegen, an der Arbeit dieser Gruppe teilzunehmen. Also liegt die Schuld doch manchmal hier und manchmal dort. Die Dinge liegen doch sehr verschieden.

Dr. W e d e m e y e r: Ich möchte dann zur Richtigstellung bemerken, daß ich hier lediglich gesprochen habe im Namen der rheinisch-westfälischen Hochofengießereien. Die Halberger Hütte habe ich nicht dazu gerechnet. Selbstverständlich meine ich nur die Verhältnisse hier in unserem engeren Bezirk. Ich kann über die Südwestdeutsche Gruppe natürlich nichts reden; denn die dortigen Verhältnisse sind mir überhaupt nicht bekannt.

B e e s e, Düsseldorf-Heerdt: Ich möchte hier nur noch bemerken, daß m. E. alle Bemühungen, Preisvereinigungen zu erzielen, verlaufen werden wie das Hornberger Schießen. Sicher kann nicht in Abrede gestellt werden, daß die Hochofengießereien mit ihrer gewaltigen Produktion den Markt drücken. Einer meiner Herren Vorredner hat hervorgehoben, daß das Röhren- und Fassongußgeschäft als eine Domäne der Hochofengießereien anzusehen sei. (H o l t h a u s ruft berichtigend: War!) Wir machen auch schon seit 40 Jahren oder noch länger Fassonstücke und Rohre. Wir können nicht konkurrieren, denn die Preise sind soweit herunter, daß man alle Bemühungen aufgeben muß, noch Aufträge hereinzubekommen. Es wäre vielleicht hier und da noch möglich, bei anormalen Fassonstücken, aber auch da sind in den letzten Zeiten ganz

sicher von seiten der Hochofenwerke die Preise dermaßen gedrückt, ich glaube, sie sind mindestens um $^1/_8$ heruntergegangen, das ist unbestreitbar. Vor allen Dingen scheint es mir, als wenn man um jeden Preis eben die Leute beschäftigen wolle (Zwischenrufe: Namen nennen!), und aus diesem Grunde hier und da Unterbietungen macht. Ich und auch meine Beamten und Vertreter haben genügend Gelegenheit gehabt, hier oder da Einblick in die vorliegenden Angebote zu nehmen. Leider kann ich nicht mit Zahlen aufwarten. Ich war in den letzten Tagen zu beschäftigt, als daß ich hätte Material sammeln können. Aber ganz unbestreitbar ist gerade dieser Artikel von den Hochofengießereien dermaßen gedrückt, daß ein gewinnbringendes Geschäft gar nicht mehr möglich ist. Auf der einen Seite hält der Roheisenverband das Roheisen so hoch, daß wir die höchsten Preise der ganzen Welt zurzeit bezahlen, und auf der anderen Seite drücken dieselben Werke mit ihrer Produktion auf die Marktlage. Das ist ganz unbestreitbar, und das schaffen wir nicht durch Preisvereinbarungen aus der Welt. Alle Bemühungen dahin, alle Kommissionen sind nutzlos. Man soll sich die Arbeit sparen.

H u t h (Bovermann Nachf.): Es ist soeben verschiedentlich von dem Roheisenzoll die Rede gewesen. Dieser hohe Zoll ist, so viel steht wohl fest, der Grund, daß das Roheisen-Syndikat uns Gießereien heute noch so hohe Roheisenpreise machen kann, wo andere Eisensorten um M. 20 bis M. 30 für die t im Preise zurückgegangen sind. Sodann möchte ich darauf hinweisen, daß das Roheisen als Urprodukt dem Werte nach mit M. 10 für die t einen höheren Zoll haben soll als Halb- und Fertigfabrikate daraus. Dies würde also bedeuten, daß wenn die Tonne Roheisen M. 10 Zoll hat und die Halbfabrikate beispielsweise M. 6 haben würden, man Fertigartikel, wie z. B. Taschenmesser der Solinger Industrie, mit vielleicht nur M. 2 Zoll einsetzen müßte in Verfolgung obigen Gedankenganges. Solche Verhältnisse bezüglich der Zölle würden aber geradezu auf dem Kopf stehen, denn die Halbfabrikate usw., an denen schon viel mehr Löhne sitzen, und bei deren Herstellung eine sehr große Menge von Leuten beschäftigt wird (jedenfalls weit mehr wie in der Roheisen-Industrie) müssen einen entsprechend höheren Schutz genießen als das Rohprodukt. Der jetzige hohe Roheisenzoll ist jedenfalls im Interesse der Großindustrie festgesetzt. Ob solcher nun bestehen bleibt oder nicht, jedenfalls halte ich es für wünschenswert, daß die maßgebenden Vereine der Gießereien, der Gießereiverband, der Tempergießereiverein usw. dahin zielen sollten, daß bei den nächsten Handelsvertrag-Verhandlungen das Zollverhältnis richtiggestellt wird. Dann wird es nicht so leicht möglich sein, daß z. B. in den Aachener Bezirk vom Auslande vielfach billige Gußwaren hineingeliefert werden, während die deutschen Gießereien das Roheisen vom Auslande nicht billiger beziehen können.

Was eine Verständigung über die Preisfrage anbelangt, so habe ich früher für eine andere Kategorie schon mal versucht, ein Statut auszuarbeiten und zwar auf einer ganz einfachen Basis, als welche der Formerlohn gewählt war. Bei der betreffenden Gruppe scheiterte der Vorschlag allerdings unter anderem daran, daß die Einrichtungen der betr. Werke sehr verschieden waren, und daß namentlich kleinere Werke befürchteten, bei gleichen Preisen bezüglich des Erhalts von Aufträgen nicht mitzukommen. Immerhin waren Herren und zwar auch von bedeutenden Firmen der Ansicht, dieses Mittel sei dennoch ein Weg zu besseren Preisen, selbst wenn man infolge bestehender Formerlohnunterschiede in der Preisskala um die eine oder andere Skala anders griffe. Es mag das vielleicht M. 10 oder M. 20 pro t Unterschied ergeben, aber es können dann wenigstens unmöglich solche Preisunterschiede vorkommen, wie uns eben genannt wurden, bei denen das eine Werk auf M. 140 die Tonne eingeht, wo ein anderes Werk M. 350 für die Tonne verlangt; allerdings sind solche krassen Unterschiede von M. 150 und mehr die Tonne wohl seltenere Fälle.

Läßt man die Verschiedenheit in den Einrichtungen einmal außer acht, so dürfte es sich zur Klärung der Preisfrage und Erzielung einer ungefähren Preisskala empfehlen, daß die hier Anwesenden oder besser noch alle Mitglieder des Vereins Deutscher Eisengießereien, selbstredend auch die Hochofengießereien, ihre Kalkulationspreise an die Geschäftsstelle einschicken, am besten, damit niemand sich ausschließt, vollkommen anonym, d. h. also nur die bei normaler Kalkulation bei den üblichen Formerlöhnen (diese in Abstufungen von etwa 50 Pf.) sich ergebenden Endpreise (Forderung für 100 kg). So viel Nachweise bezüglich Selbstkosten hat heute wohl jede Gießerei, daß sie solche theoretischen Kalkulationspreise angeben kann. Herr Dr. B r a n d t könnte dann dieses Material sichten und den Vereinsgießereien das Bild mitteilen, welches sich aus dem eingegangenen Material ergeben hat. Das dürfte immerhin mal eine Grundlage zur Verständigung ergeben. Es erübrigte sich dadurch zunächst, hunderte und tausende von Artikeln und Modellen einzeln namhaft zu machen und dafür die Preise festzusetzen. Das ist m. E. unmöglich, jedenfalls nicht in absehbarer Zeit möglich. Bei der Formerlohn-Methode bzw. sich darauf gründenden Preisskalen ist es dagegen leicht, den Verkaufspreis zu nennen, da man ja in der Hauptsache nur den Formerlohn zu wissen braucht. Jedenfalls wird dann nicht mehr allzusehr daneben gegriffen werden können. Auch dürfte bei diesem Verfahren eine gewisse Preiskontrolle und zwar durch Revisoren möglich sein, ähnlich wie solche seinerzeit der Fensterverband hatte. Einem fachmännischen Revisor dürfte es in Streitfällen nicht schwer werden, eventl. durch Einblick in das betr. Lohnbuch den tatsächlich gezahlten Lohn und damit nachzuweisen, ob der strittige Verkaufspreis entsprechend der Skala abgegeben war oder nicht.

Diese Ausführungen bezwecken nur eine Anregung, um s c h n e l l m ö g l i c h s t mal zu einer gewissen Preisverständigung zu kommen. Ist durch Zusammenarbeiten auf diesem einfachen Wege erst ein gewisses Vertrauen der Gießereien dahingehend erzeugt, daß man der Lösung der Preisfrage näher kommt, alsdann, aber auch nur dann, kann m. E. an weitergehende Festsetzungen wie Einzelpreisfestsetzungen in gemeinsamer Arbeit gedacht werden.

V o r s i t z e n d e r : Diese Einzelheiten der Frage müssen wir uns vorbehalten für die nächste Gruppenversammlung der Niederrheinischen Gruppe.

H o l t h a u s , Gelsenkirchen: Meine Herren! Ich glaube, die Anregung, die der Herr Vorredner gegeben hat, ist jedenfalls sehr beachtenswert. Es muß nur noch unterschieden werden, ob die Stücke in größerer Zahl vorkommen, ob sie von Maschinen oder mit der Hand geformt werden. Aber es wird sich sicher ein Weg finden lassen, um diese Preisunterbietungen zu beseitigen, die jetzt bestehen. Wenn Sie da vom Roheisenzoll sprachen, so kann ich Ihnen nur sagen — und da werden Sie alle mit mir sicher übereinstimmen —: Wenn es sich nur um eine Differenz von M. 10 pro t handelt, greifen wir alle zu! Die Differenzen, die jetzt vorliegen, sind wesentlich größer, da spielen die M. 10 sozusagen gar keine Rolle. Das ist meine Überzeugung, und ich glaube, daß sie die Mehrheit hat. Die Preisunterbietungen, die wir uns gegenseitig und Sie sich gegenseitig machen, sind viel, viel größer; sie betragen das Fünf- und Sechsfache, ja das Zehnfache des Roheisenzolles.

Dr. W e d e m e y e r : Ich möchte auf eine Bemerkung zurückkommen bezüglich des Zolles. Es wurde gesagt, daß der Zoll verhältnismäßig bei Roheisen viel höher wäre als bei Fertigfabrikaten. Der Zoll für Roheisen beträgt M. 10

die Tonne, also ca. 13% des Wertes. Für Gußwaren beträgt der Zoll mindestens M. 25 die Tonne, geht bei 7 mm Wandstärke und weniger herauf auf M. 40 die Tonne und ist teilweise sogar noch höher, geht auf M. 60 und M. 90 die Tonne. Da die Gußwaren vielleicht einen Wert haben im Durchschnitt von M. 150 die Tonne — mehr Wert haben sie im Durchschnitt nicht, das können Sie aus den jährlichen statistischen Aufstellungen sehen —, so beträgt der Zoll bei Gußwaren 20% vom Wert. Dann ist vorhin gesagt worden, wenn die Hochofenwerke sich das Roheisen nicht zu niedrigeren Preisen einsetzten, wie die reinen Eisengießereien, so würden nicht solche Unterschiede vorkommen. Erstens tun dies die Hochofengießereien nicht; aber zweitens, wenn die Hochofengießereien die Selbstkosten des von ihren Hüttenwerken erzeugten Roheisens in ihre Kalkulation einsetzen würden, was selbstverständlich sehr unkaufmännisch wäre, dann könnten sie — ich will die Differenz einmal absichtlich recht hoch annehmen — das Roheisen vielleicht mit M. 10 pro t billiger einsetzen. Wer von Ihnen gebraucht denn nun zum Guß von Gußwaren 100% Roheisen, z. B. 100% Hämatit? Es wird stets Hämatit ins Feld geführt. Sie werden doch normal immerhin 40% Bruch verwenden. Es bleiben also 60% Roheisen übrig. Von diesen sind vielleicht 25% Hämatit. Also würde der Vorteil, den eine Hochofengießerei vor einer reinen Eisengießerei voraus hätte, nur sein: M. 2,50 die Tonne auf die Mischung. Wegen M. 2,50 die Tonne, glaube ich, brauchen wir überhaupt kein Wort zu verlieren.

H u t h : Was den Zoll für Halb- und fertige Fabrikate betrifft, so waren mir diese Zahlen im einzelnen nicht gegenwärtig. Es war vor einiger Zeit von anderer Seite festgestellt, wie es sich für Temperguß verhielt und lagen danach m. W. die Verhältnisse so ungünstig.

Dr. W e d e m e y e r : Zur Richtigstellung: Der Zoll für schmiedbaren Guß beträgt M. 35, M. 37,50, M. 60 und M. 80 die Tonne — unbearbeitet.

H u t h : Ich werde Veranlassung nehmen, mich genau zu orientieren. Ich erwähne jetzt nur, daß ich von einem Mitglied der Hagener Handelskammer auf diese Verhältnisse aufmerksam gemacht war.

B e e s e : Herrn Dr. W e d e m e y e r muß ich entgegentreten. In der Praxis werden 40% Hämatit eingeschmolzen. Das mag möglich sein; es mögen sogar 50% eingeschmolzen werden (Dr. W e d e m e y e r ruft: 90!); dann wird der Schrot auch zum Schrotpreise eingesetzt. Den eigenen Schrot muß ich zum Roheisenpreise einsetzen, und nur den gekauften Schrot kann ich zu dem billigen Preise einsetzen. Das ergibt dann eine ganz andere Rechnung.

V o r s i t z e n d e r : Ich glaube, das, was in der heutigen Besprechung erreicht werden sollte, ist erreicht worden. Eine gründliche Aussprache hat stattgefunden, und ich bin überzeugt, daß die heutige Besprechung wenigstens den Erfolg haben muß, daß gewisse Schlagworte, die bisher mit Vorliebe gebraucht wurden, verschwinden müssen. Ich danke den Herren von den Hochofengießereien, daß sie zu dieser Besprechung hierher gekommen sind, und ich bitte die Herren von den Niederrheinisch-Westfälischen Gruppen, sich recht zahlreich an der nächsten Gruppensitzung zu beteiligen. Über die Fragen, die heute hier zur Erörterung gekommen sind, soll von neuem verhandelt werden, und wir wollen versuchen, eine Grundlage zu finden für die erstrebte Preisvereinbarung. Hoffentlich läßt sich eine Einigung erzielen, und dann finden wir ja auch, wie uns heute zugesagt worden ist, die Unterstützung der Hochofengießereien.

K a r t h ä u s e r : Ich bin auch für den Vorschlag, der jetzt gemacht worden ist, möchte aber die Herren von den reinen Eisengießereien bitten, mal dafür zu sorgen, daß sie bis zur nächsten Sitzung Material zusammenstellen. Wir sind heute hierhergekommen, um den Hochofengießereien gehörig den Kopf zu waschen, und nach den heutigen Verhandlungen hat sich herausgestellt, daß das Umgekehrte der Fall war. (Heiterkeit.) Die Herren von den Hochofengießereien können ihre Behauptungen belegen; sie können sagen, hier ist das Material, sie können Namen nennen. Ich möchte die Herren von den reinen Eisengießereien bitten — wir haben verschiedentlich gehört, daß man sagte, sie hätten das Material, aber sie könnten sich im Moment nicht erinnern — daß sie mal sehen, daß wir das nächste Mal vielleicht auch Material zusammenbringen gegen die Hochofengießereien. (Zwischenruf von Direktor D ö r m e r : Sie sind selbst eine Hochofengießerei!) Bitte schön, ich bin nicht eine Hochofengießerei. (Widerspruch des Zwischenrufers und Genossen.) Ich will Herrn Dr. B r a n d t den Brief schicken, worin uns K r u p p schreibt, was das Roheisen 1914 kostet. (Zwischenruf von Dr. W e d e m e y e r : Das tut unsere Firma auch. Der Hochofengießerei teilt man mit, der Roheisenpreis ist so und so für das nächste Jahr!) Herr D ö r m e r sagt, ich hätte eine Hochofengießerei. Ich habe das Eisen fast zu Syndikatspreis. (Widerspruch und Zwischenruf: F a s t zu!) Ich habe einen Preisvorteil von noch keinen 20 Pf. auf die 100 kg, aber auch eine Achsenfracht von 2 km. Daher die kleine Vergünstigung.

S c h u l z , Westfalia, Lünen: Meine Herren! Ich bin eigentlich an der ganzen Sache nicht viel interessiert, da ich hauptsächlich Artikel mache, die die Hochofengießereien nicht anfertigen. Ich habe aber in der Niederrheinisch-Westfälischen Gruppe für Bau- und Maschinenguß immerfort gehört, daß die Herren gesagt haben: ja, die Hochofengießereien nehmen uns einen Artikel nach dem andern fort, sie nehmen jetzt das auf, nachher das, und es wird nachher für uns nichts mehr übrig bleiben. Ich möchte da nun die Herren doch mal ersuchen, sich darüber zu äußern: Ist es der Wunsch der reinen Eisengießereien, daß die Hochofengießereien keine weiteren neuen Artikel mehr aufnehmen?

Dr. W e d e m e y e r : Im Jahre 1908 hatten sich die Hochofengießereien bereit erklärt, sich auf Quoten festzulegen. Da war alles das berücksichtigt, was Sie wünschen.

Direktor S c h u l z , Westfalia: Das ist nicht mein Wunsch, sondern der Wunsch der Bau- und Maschinengießereien.

P a s s a v a n t sen.: Ich glaube, Sie haben übersehen, daß Unterbietungen immer dann stattfinden, wenn die Produktionsfähigkeit den Bedarf bei weitem überschreitet, und das ist gegenwärtig der Fall. Wir haben eben gefunden, daß diese große Steigerung der Produktionsfähigkeit dadurch entstanden ist, daß die Hochofenwerke immer wieder neue Dinge auf den Markt bringen und immer wieder ihre Gießereien vergrößern, und es ist gar nicht abzusehen, wie das besser werden soll, wenn nicht eine Einschränkung stattfindet in irgend einer Weise. Das ist mit ein Grund gewesen, weshalb wir die heutige Versammlung zusammenberufen haben.

L o c h n e r , Gutehoffnungshütte: Um auf die letzten Worte zurückzukommen, möchte ich darauf hinweisen, daß diese großen Werke, diese großen Kapitalgruppen, die Sie sich heute sehr einseitig besehen, weil sie Ihnen scheinbar unbequem und unangenehm sind, doch auch dieselben Gruppen sind, die kleinen und mittleren Werken außerordentlich viel Arbeit bringen; ich glaube, es wäre sehr bitter für die kleine und mittlere Industrie, wenn sie diese Großabnehmer nicht hätte bzw. auf diese Abnehmer wegen des bißchen Guß, das diese schließlich machen, verzichten sollten. Denn so bedeutend ist dies in wirtschaftlicher Beziehung, wie heute schon von anderer Seite betont worden ist, nicht. Diese wirtschaftlichen Gruppen geben mittleren und kleineren Werken jedenfalls unverhältnismäßig mehr Arbeit, als sie diesen selben Gruppen nehmen. (Zurufe: Sehr richtig!) Ich halte nicht für wahrscheinlich, daß diese Kapitalgruppen sich vorschreiben lassen, was sie mit ihrem Kapital tun und lassen sollen. Mit demselben Recht könnten Sie sagen: Kapitalien über die und die Höhe dürfen nicht angesammelt werden: — Dann werden Sie Sozialdemokraten! (Bravo und Zustimmung.)

Dr. W e d e m e y e r : Es ist hier davon geredet worden, daß die Hochofenwerke ihre Produktion einschränken sollen, nicht neue Artikel aufnehmen sollen, die Hochofenwerke allein wären durch ihre kolossale Steigerung der Produktion schuld daran, daß die Überproduktion heute bestände. Es sind in den letzten Jahren nur sehr wenig Gießereien vergrößert worden von den Hochofenwerken. Dagegen sind sehr große Gießereien gegründet worden von Werken, die nicht mit einem Hochofenwerk zusammenhängen. Ich will nur einige nennen. Zunächst: Augsburg-Nürnberg hat eine ganz kolossale Gießerei in Duisburg errichtet, direkt in unserem Revier. Voith, Heidenheim, hat eine große Gießerei gebaut, Eßlingen ebenfalls. Es ist mit Leichtigkeit festzustellen, wie viel Quadratmeter wohl von den reinen Eisengießereien gebaut worden sind und wie viel von den Hochofengießereien. Jetzt wollen Sie wahrscheinlich für sich in Anspruch nehmen, daß die reinen Eisengießereien sich so viel vergrößern können und so viel Artikel an sich ziehen können, wie sie wollen, aber die Hochofenwerke sollen sich beschränken. Das ist nicht billig! Ich weiß auch, daß einige Gießereien reine Spezialprodukte den Hochofenwerken in unserem Revier fortgenommen haben, ihnen das Leben ganz bitter sauer machen in Fabrikaten, von denen Sie selbst zugestehen müssen, daß sie den Hochofenwerken zukommen. Denn solche, die direkt aus dem Hochofen gegossen werden können, müssen mit Rücksicht auf die Ersparnis an Nationalvermögen selbstverständlich den Hochofenwerken bleiben.

Wilhelm S c h u l t z , Lünen: Meine Herren! Was Herr L o c h n e r erwähnt, bestätigt das, was ich sagte, daß seitens der großen Werke kapitalistische Maßnahmen erfolgen, die auf ganz anderen Gründen beruhen, wie der direkten Steigerung des Einkommens. Wenn wir z. B. Gelsenkirchen nehmen: so lange derartige Konzerne Gießereien bauen aus taktischen Gründen, wie Gelsenkirchen sie baute vor Erneuerung des Roheisensyndikats, und von der Leitung der großen Konzerne später erklärt wird: ja, wenn die Verhältnisse damals so gewesen wären wie heute! — heute würden wir nicht bauen, aber weil er nun einmal da ist, müssen wir den Betrieb halten. — Meine Herren! So lange sind derartige Vorwürfe, die den Konzernen gemacht werden, nach vielen Richtungen entschieden berechtigt. Ich meine, die Hochofenwerke sollen den Gießereien das Roheisen liefern, sie können es absetzen, wenn sie nicht stets ihre Produktion ins ungemessene steigern wollen, und sie dürfen nicht den kleinsten Betrieben, die volkswirtschaftlich mindestens denselben Wert haben oder einen noch viel größeren Wert — es sind insgesamt mehrere tausend reine Gießereien gegen die paar Hochofenwerke —, die Existenz bedrohen. Aber das geschieht, wenn in derselben Weise fortgefahren wird, wie bisher, ganz entschieden.

L o c h n e r : Meine Herren! Wir verirren uns, wenn wir diese Frage weiter verfolgen. Ich habe auch nicht gesagt, daß die großen Gießereien verbunden mit Hochofenwerken ihren Verdienst auf anderer Seite suchen und nicht auf die Gießerei rechnen. Das ist mir nicht eingefallen. Ich glaube, es wird nirgends so scharf gerechnet und den Angestellten auf die Finger gesehen, wie bei den großen Gießereien Aber es wäre interessant, wenn von der Geschäftsstelle des Vereins festgestellt würde, wie die Produktion der Gießereien in einem bestimmten Zeitraum von Jahren sich gesteigert hat, und in welchem Umfange die Hochofenwerke an der Steigerung beteiligt sind. Ich glaube, daß die Wage nicht nach der Seite der paar Hochofengießereien sinken wird.

Passavant junior: Meine Herren! Ich gehöre nicht zur Rheinisch-Westfälischen Gruppe und wollte deshalb nicht sprechen. Die Äußerung, die Herr Dr. Wedemeyer aber am Schluß gemacht hat, daß die Hochofengießereien sich gar keine Unterbietungen zuschulden kommen lassen, muß denn doch dahingestellt bleiben. Ich könnte sehr gut mit anderem Material dienen, allerdings nicht aus der Niederrheinisch-Westfälischen Gruppe. Es kommt für mich persönlich allerdings hauptsächlich nur ein Hochofenwerk in Frage. Die Hauptsache ist aber, daß die Hochofenwerke, wenn sie vorgehen, außerordentlich scharf und rücksichtslos vorgehen, daß die reinen Gießereien mitunter einfach vor die Frage gestellt sind, Artikel fallen zu lassen auf einem Gebiet, das sie jahrelang mit Erfolg bearbeitet haben. Die Hochofengießerei nimmt einen Artikel auf, und dann wird gesagt: wir haben den Artikel aufgenommen, nun müssen wir auch verkaufen. Das Hüttenwerk Amberg kalkuliert zuzeit mit M. 9; das sind seine Grundpreise und damit wird verkauft, mitunter franko. Das kommt gar nicht darauf an. Der reinen Eisengießerei, die nach Bayern kommt, wird von den Behörden gesagt: bei uns wird nur vom staatlichen Hüttenwerk gekauft, während bei uns Amberg ruhig unterbieten kann. Das Defizit wird später in der bayerischen Kammer auf Mehrheitsbeschluß gedeckt. Im vorigen Jahre waren es M. 500 000. (Zwischenruf.) Es kann auch etwas weniger sein. Ganz sicher ist auch von seiten der Hochofengießereien gesündigt worden. Ich halte es aber nicht für ratsam, alte Preise herauszusuchen, die bei Submissionen usw. herausgekommen sind. Selbstverständlich muß auch eine reine Eisengießerei ab und zu am billigsten sein; auf beiden Seiten wird doch versucht, Geschäfte zu machen. Ich glaube, daß es sehr gut ist, wenn man zu einer Verständigung kommt und daß es am besten ist, wenn man nebeneinander hergeht. Das hat aber die heutige Versammlung gezeigt, daß es nur wünschenswert ist, wenn sich die reinen Gießereien in sich enger zusammenschließen. Denn während die Hochofengießereien hier geschlossen vorgegangen sind und sich außerordentlich gut und geschickt verteidigten, haben die reinen Gießereien vom Rheinisch-Westfälischen Bezirk eigentlich nur sehr wenig Material zusammengebracht, um die Behauptungen, die heute gegen die Hochofengießereien gang und gäbe sind, auch entsprechend beweisen zu können. Es dürfte deshalb nur zu begrüßen sein, wenn die reinen Gießereien sich enger zusammenschließen, wobei nicht gesagt sein soll, daß dieser Zusammenschluß aggressiv gegen die Hochofengießereien gerichtet sein muß — ich persönlich würde das sogar bedauern —. Auf diese Art ist aber erst eine Grundlage zu schaffen, auf der dann eine Verständigung möglich ist.

Dr. Wedemeyer: Ich muß noch einmal etwas richtig stellen, weil ich falsch verstanden worden bin. Ich habe nicht behauptet, daß die Hochofenwerke niemals unterboten hätten. Ich habe ja vorhin gesagt, daß den Hochofengießereien überhaupt keine Richtpreise bekannt wären, daß sie sich also selbstverständlich ja auch niemals danach richten könnten, und sehr oft werden sie auch mit den Preisen darunter sein. Ohne weiteres gebe ich das zu. Aber ich habe hier festgestellt, daß in dieser Versammlung kein Fall bewiesen worden ist, wo die Hochofengießereien unterboten hätten, und das, nachdem seit 10 Jahren ununterbrochen mit dem Schlagwort gekämpft wird, die Hochofengießereien seien die Preisverderber. Nach meiner Meinung müßten die reinen Gießereien in der Lage sein, Hunderte von Fällen auf Anruf direkt aus dem Ärmel zu schütteln.

Linnmann: Ich möchte dem nur entgegenhalten, daß die Fälle, die ich angeführt habe, Tatsachen sind

und ganz eklatante Unterbietungen seitens der Hochofenwerke gewesen sind. Das läßt sich nicht aus der Welt schaffen.

Morhenn: Ich habe schon zugesagt, daß wir die Angelegenheit nachprüfen würden. Das Material ist mir nicht zur Hand. Anderseits möchte ich nochmals darauf hinweisen, daß mir ein Stoß von Material vorliegt über Unterbietungen durch die reinen Gießereien. Es erübrigt sich nach dem bisherigen Verlauf der Verhandlungen aber wohl, das Material in diesem Augenblick noch bekanntzugeben. Wenn ein einzelner Fall herausgegriffen wird, kann nicht verlangt werden, daß man im Augenblick weiß, ob er zutrifft. Im übrigen ist auch ein einzelner Fall nicht ohne weiteres zu verallgemeinern. Wie gesagt, behalte ich mir die Prüfung der angezogenen Fälle vor.

Thomas, Jünkerather Gewerkschaft: Meine Herren! Wenn die Vertreter der reinen Eisengießereien ihre Beschwerden gegenüber den Hochofengießereien nicht besser vertreten, so liegt das wohl daran, daß die Einladungen zur heutigen Versammlung zu spät ergangen sind. Beispielsweise habe ich diese Einladung, datiert vom 30. März, für den 7. cr. erst am 2. April erhalten. Seit diesem Tage befinde ich mich ununterbrochen auf der Reise. Eine Information war mir also nicht möglich. Nach dem Verhalten der Herren muß ich annehmen, daß auch sie nicht früher in dem Besitz der Einladung waren, und daß die wenigen Tage nicht genügten, das hier etwa vorzubringende Material zu sichten. Dahingegen sind die Vertreter der Hochofengießereien gut unterrichtet hierhergekommen und läßt dies die Vermutung aufkommen, daß hier etwas durchgesickert ist.

Herrn Dr. Wedemeyer möchte ich in bezug auf die Bremsklotzpreise erwidern, daß der von ihm erwähnte Preis von M. 140 pro 1000 kg vor vielen Jahren erzielt wurde, aber unter dem Schutze einer Vereinigung und zu einer Zeit, als die neue Konkurrenz durch die Hochofengießereien noch nicht da war. Zu den übrigen genannten Preisen kann ich jedoch keine Stellung nehmen, da mir diese Zahlen nicht so gegenwärtig sind und ich mich in früheren Jahren weniger um Bremsklotzsubmissionen gekümmert habe. Leider sind auch Vertreter der alten Bremsklotzvereinigung hier nicht vertreten. Als die neue Konkurrenz der Hochofengießereien auftrat, versuchten die reinen Eisengießereien, d. h. die bestehende Bremsklotzvereinigung, eine Verständigung mit den Hochofengießereien, die auch bei verschiedenen Submissionen zustande kam. Die Preise wurden dadurch auf einer leidlichen Höhe gehalten. Im letzten Jahre aber trat eine Hochofengießerei als neue Konkurrenz auf und bot Bremsklötze zu M. 88 pro t an. Der letztjährige Preis aber war, wenn ich nicht irre, M. 102 pro t. Ich meine, da kann man doch mit Recht behaupten, daß diese Hochofengießerei die Preise ganz gewaltig geworfen hat. Es ist doch nicht möglich, heute Bremsklötze zu M. 88 pro t zu liefern, wenn das Eisen zum Syndikatspreise eingesetzt werden muß. Es handelte sich um etwa 6 bis 7000 t, und diese Firma hat auch den Zuschlag bekommen. (Zurufe: Wer?) Die Firma Thyssen & Co. Ich glaubte, dies sei genügend bekannt.

Gelegentlich einer Aussprache zur Herbeiführung einer Verständigung stellte diese neu hinzugekommene Firma Ansprüche, die jeden weiteren Versuch, eine Einigung zu erzielen, illusorisch machten, da die reinen Gießereien dabei leer ausgegangen wären. Aus diesem Grunde sind denn auch späterhin Verständigungen nicht mehr angestrebt worden, was einen weiteren Preisfall zur Folge hatte.

Wenn dem nun entgegengehalten werden sollte, daß bei einer der späteren Submissionen — Berlin oder Hannover — eine reine Gießerei hinging und ein Teilquantum zu M. 86 anbot, so tat sie das jedenfalls mit Rücksicht auf die bei der voraufgegangenen Submission gemachten Erfahrung, und um sich unter allen Umständen ein Quantum zu sichern.

Vorsitzender: Den ersten Ausführungen von Herrn T h o m a s möchte ich doch mit Entschiedenheit entgegentreten, wenn ein Vorwurf gegen unsere Geschäftsstelle erhoben werden soll, daß die Hochofenwerke irgendwie etwas früher von dieser Besprechung hätten erfahren können, wie unsere Mitglieder. Herr Dr. B r a n d t wird zu dieser Frage gleich noch Stellung nehmen.

Direktor W i r t z, Deutsch-Luxemburgische Bergwerks- und Hütten-Aktiengesellschaft. Es ist eben schon durch Zuruf von anderer Seite die Behauptung des Herrn T h o m a s, daß in den letzten Jahren ein Versuch bei einer Preisverständigung von Bremsklötzen gemacht worden ist, als unrichtig hingestellt worden. Jedenfalls sind wir zu einer solchen Verständigung nicht eingeladen worden.

Von einer Verständigung hat man wohl deshalb in letzter Zeit abgesehen, nachdem die Vereinbarungen, die bei der Submission Hannover getroffen wurden, nicht gehalten worden sind. An dieser Verständigungs-Verhandlung nahm von den Hochofenwerken außer Schalke und der Friedrich · Wilhelms-Hütte zum ersten Male die Firma Thyssen & Co. teil, von den reinen Gießereien Jünkerath (Herr Thomas selbst war nicht zugegen), die Firmen Meyer & Schütte in Letmathe und Jäger in Elberfeld, sowie eine Anzahl anderer Gießereien.

Es handelte sich bei dieser Submission um 232 000 Bremsklötze. Ausdrücklich war festgestellt worden, daß, wenn ein geringeres Quantum den vereinigten Werken bestellt, dieses im Verhältnis der in dieser Versammlung festgestellten Quote verteilt werden sollte. Infolge Dazwischentretens eines Outsiders wurden auch nur 187 000 Bremsklötze seitens der Eisenbahndirektion in Hannover in Auftrag gegeben. Die reinen Gießereien haben sich nun geweigert, entsprechend der Vereinbarung sich nur mit der ihnen zukommenden Quote zu begnügen, und Schalke und die Friedrich Wilhelms-Hütte haben zugunsten des dritten Werkes auf erhebliche Mengen Bremsklötze verzichtet, um die Verständigung nicht wieder ins Wasser fallen zu lassen.

Da seitens der reinen Gießereien den getroffenen Abmachungen entsprechend nicht gehandelt wurde, ist uns allerdings für die Zukunft die Lust an derartigen Verständigungen vergangen.

Nachdem die Frage der Preisvereinbarungen für Gußstücke angeregt worden ist, halte ich es auch für notwendig, dieses hier vorzubringen.

Über die Preisstellung von Bremsklötzen kann ich Ihnen in Ergänzung der Ausführung von Herrn Dr. W e d e - m e y e r folgendes mitteilen:

Im letzten Jahre bei der Verdingung in Köln hat meine Firma angeboten zu M. 99,80, während reine Gießereien, wie Jünkerath, Munscheid, Jäger, usw. zu M. 93,90 anboten.

In Hannover boten wir an zu M. 94,40, während reine Gießereien, wie Jäger M. 93, Munscheid aber M. 88,50 forderten.

In Berlin bei der darauf folgenden Verdingung boten wir an zu M. 94,60, Munscheid zu M. 86,80. Wo sind die Preisunterbietungen seitens der Hochofenwerke?

Als wir im Jahre 1907 Bremsklötze zu M. 122, einem gewiß anständigen Preise, anboten, ist uns der Vorwurf gemacht worden, wir hätten die Preise auf einen Stand heruntergedrückt, wie er überhaupt noch nie dagewesen sei. Es dürften Sie deshalb die früheren Preise interessieren.

Für das Jahr 1906 in Köln hat Jünkerath zu M. 116, dasselbe Werk für 1905 zu M. 112, die Eisengießereien Döring zu M. 110 und Hasenkamp zu M. 108 angeboten.

Im Jahre 1904 forderte die Nieverenhütte M. 98, im Jahre 1903 die Firma Jäger M. 86 und im Jahre 1902 Munscheid sogar M. 74.

Ich ergreife die Gelegenheit, um die unberechtigten Vorwürfe gegen die von mir vertretene Firma zurückzuweisen und die Angelegenheit hier richtig zu stellen, da ich leider bisher keine Gelegenheit dazu hatte.

Nach dem Jahre 1907 wurden die billigsten Preise im Jahre 1909 in Köln von Munscheid und Jünkerath zu M. 78 bzw. zu M. 79 abgegeben.

Im Jahre 1910 waren wir auf Veranlassung von Jünkerath mit einer Anzahl Eisengießereien zusammengegangen, wurden aber von Döring und Schütze, Betzdorf, mit M. 84,50 bzw. M. 89 unterboten. In demselben Jahre in Hannover boten wir an zu M. 88, die billigsten waren Jäger und Munscheid mit M. 82.

Im Jahre 1911 in Hannover war Munscheid am billigsten, ebenfalls mit M. 82.

Für das Jahr 1912 in Köln kam eine Vereinbarung zustande; die vereinigten Werke boten zu M. 108,50, wurden aber um M. 13,50 von Schütze-Betzdorf unterboten.

Für das Jahr 1913 boten wir M. 94,90, also einen höheren Preis, als durchschnittlich früher erzielt worden ist.

Auch bei dieser Verdingung waren wir zu einer Verständigung bereit; daß es nicht dazu gekommen ist, war nicht unsere Schuld. Der damalige Vorsitzende hatte sich durch die Formulierung der von ihm vertretenen Forderung der reinen Gießereien derart festgelegt, daß weitere Verhandlungen unmöglich waren.

Wir sind trotz des Vorgefallenen auch jetzt noch zu Vereinbarungen bereit, wir müssen aber die Gewißheit haben, daß von anderer Seite nicht nachträglich, entgegen den getroffenen Vereinbarungen, neue Forderungen gestellt werden.

Vorsitzender: Ich halte es für richtig, daß auch auf diesen Fall »Bremsklotz-Vereinigung« nicht weiter eingegangen wird, falls Herr T h o m a s nicht noch das Material hier hat.[1])

T h o m a s: Meine Herren! Ich wollte mit meinen Ausführungen nicht in eine neue Diskussion eintreten. Es wäre mir lieber gewesen und wohl auch den übrigen Herren, wenn Herr W i r t z etwas ruhiger gesprochen hätte. Ich glaube, ihm nicht Veranlassung gegeben zu haben, sich so zu ereifern. Herr W i r t z hat im allgemeinen das bestätigt, was ich gesagt habe.

Direktor W i r t z: Ich wollte nur kurz Herrn T h o m a s entgegnen, daß ich allerdings angenommen hatte, daß seine Ausführungen sich gegen Hochofengießereien richteten. Zum Schlusse darf ich noch sagen, daß, wenn ich im Tone etwas laut geworden bin, so lag das daran, daß wir seit Jahren scharfen, unberechtigten Angriffen ausgesetzt sind und keine Gelegenheit hatten, sie zurückzuweisen.

T h o m a s: Ich möchte festgestellt haben, daß Herr W i r t z mich falsch verstanden hat.

Vorsitzender: Ich schließe die heutige Besprechung und danke für Ihr Erscheinen.

Schluß 7½ Uhr.

---

[1]) Herr Münzesheimer hatte die Freundlichkeit, dem Verein Deutscher Eisengießereien eine vollständige Statistik der Preise jeder einzelnen Firma bei den Bremsklotzvergebungen der letzten 10—12 Jahre zu überreichen, die von uns auch gedruckt worden ist und sich in der Anlage findet.

Hochofengießereien und reine Eisengießereien
ein Nachwort von Dr. Otto Brandt.

Nachdem in den vorangegangenen Nummern der »Gießerei« der Wortlaut der Verhandlungen vom 7. April über die Beschwerden der reinen Eisengießereien gegen einzelne Hochofengießereien abgedruckt worden ist, kann jeder Leser selbst beurteilen, wie die Dinge liegen, und ich hoffe, daß das Schlußwort, das ich niederzuschreiben beginne, der Prüfung an Hand der veröffentlichten Niederschrift standhält.

Ich darf es mir versagen, auf alle Äußerungen einzelner Redner einzugehen, die der Widerlegung bedürfen. Das würde zu weit führen. Es mag nur allgemein gesagt werden, daß man mein Schweigen nicht etwa als Zustimmung zu allen Ansichten auffassen möge, die in den Verhandlungen zutage getreten sind. Ich halte mich aber doch für verpflichtet, wenigstens einen Widerspruch hier abzudrucken. Herr Holthaus von der Gelsenkirchener Bergwerks-Aktien-Gesellschaft hatte ausgeführt, daß bis vor etwa 6 Jahren die Lieferung von Formstücken zu Druckröhren ausschließlich ein Fabrikationszweig der Röhrengießereien gewesen sei, daß erst in den letzten 6 Jahren reine Gießereien wie Hilpert-Nürnberg, Laufach, Kaiserslautern, Benkiser-Pforzheim, Pörringer & Schindler-Saarbrücken, Breuer & Co.-Höchst, Bopp & Reuther-Mannheim diese Formstücke herstellen und daß dadurch die Preise, die früher um M. 100 für die Tonne teurer gewesen seien, bis auf M. 140 per t frei Westfalen herabgedrückt worden seien. Diesen Ausführungen wurde nach dem Bericht — wohl von den Vertretern der Hochofenwerke — mit »sehr richtig« zugestimmt. Hierzu schreibt uns das Eisenwerk Laufach folgendes: »Daß gegen diese Darstellung kein Widerspruch erhoben wurde, ist wohl darauf zurückzuführen, daß von den von Herrn Holthaus genannten Firmen keine vertreten war, denn die Ausführungen des Herrn Holthaus müssen wir trotz des Zurufes »sehr richtig« als teilweise »sehr unrichtig« bezeichnen. Unser Betrieb z. B. fabriziert Formstücke seit dem Jahre 1897, also seit 17 Jahren und die übrigen von Herrn Holthaus genannten Werke, vielleicht mit Ausnahme von Kaiserslautern, seit noch längerer Zeit. Wenn sich also der von Herrn Holthaus beklagte Preisrückgang erst in den letzten Jahren bemerkbar gemacht hat, so ergibt sich schon daraus, daß hieran nicht der Eintritt der von Herrn Holthaus erwähnten reinen Gießereien in die Formstückefabrikation die Schuld trägt, weil eben diese Werke schon seit viel längerer Zeit den Artikel fabrizieren und verkaufen. Die Ursache des bedauerlichen Preisrückganges wird die sein, daß die Produktion dadurch, daß die Formstücke, die früher von der Hand geformt wurden, nunmehr zur Hauptsache mit der Maschine geformt werden, sehr beträchtlich gesteigert wurde, während der Bedarf schon wegen der Ausbreitung der Mannesmann- und anderen sog. Stahlröhren nicht in gleichem Maße zunehmen konnte. Anderseits dürfte sich die Fabrikation von Formstücken, besonders solcher abnormaler Ausführung für einen mittleren Betrieb besser eignen und billiger stellen als für einen Riesenbetrieb, und wenn bei anderen Gelegenheiten den reinen Gießereien öfters der Rat gegeben wurde, solche Artikel, die ihrer Natur nach eben von den Hochofengießereien billiger hergestellt werden könnten, diesen zu überlassen und dafür andere Artikel herzustellen, bei denen ein Vorsprung der Hochofengießereien nicht bestehe, dann sollte die Gießerei, welche diese Ratschläge befolgen, dies nicht zum Vorwurf gemacht werden, vielmehr würde es vielleicht richtiger sein, wenn die Hochofengießereien einen solchen Artikel den reinen Gießereien, denen sie

doch so manchen anderen aus der Hand genommen haben, überlassen würden, statt ihn, wie Herr Holthaus sagt, ohne Nutzen oder vielleicht gar mit Verlust weiterzufabrizieren.«

Drei Fragen sollten in jener Besprechung vom 7. April entschieden werden.

1. Werfen die Hochofengießereien die Preise?
2. Verdrängen die Hochofengießereien die reinen Gießereien zu Unrecht aus ihrem Absatzgebiet?
3. Ist eine gemeinsame Preis- und Erzeugungspolitik (Produktionsschutz) möglich?

Die Frage, ob die Hochofengießereien die Preise werfen, darf als entschieden gelten. Die Hochofengießereien können nachweisen, daß sie in vielen Fällen von reinen Eisengießereien unterboten worden sind. Die Frage, ob den Hochofengießereien das Roheisen billiger angerechnet werde, als es die reinen Gießereien beziehen können, ist von Vertretern einiger Hochofengießereien verneint worden. Eine von mir nachträglich erbetene schriftliche Erklärung hierüber wurde abgelehnt, dagegen ist bestimmt nachgewiesen, daß eine Hochofengießerei für Roheisen einen Ausnahmepreis hat. Es ist gelegentlich so hingestellt worden, als ob es die reinen Eisengießereien gar nichts anginge, wie die gemischten Eisenwerke ihren Gießereien das Roheisen anrechnen, das sei ein innerer Vorgang eines Eisenwerkes, und niemand könne hierüber Auskunft verlangen. Daß es sich bei diesen Dingen um einen inneren Vorgang der Werke handelt, ist richtig, aber ebenso erklärlich ist es, daß die reinen Gießereien gern wissen möchten, wie der Hochofengießerei das Roheisen angerechnet wird, und daß diese Kenntnis für die Beurteilung der Gattung der großen gemischten Eisenwerke sehr notwendig und bedeutungsvoll ist.

In den genannten Verhandlungen der Hochofengießereien und reinen Gießereien sind mehrere recht drastische Fälle genannt worden, wo reine Eisengießereien offenbar ohne jede Selbstkostenrechnung Hochofengießereien unsinnig unterboten haben, und dieses selbstmörderische Herabdrücken der Preise durch reine Eisengießereien kann gar nicht scharf genug gegeißelt werden. Solche Gießereien schaden anderen reinen Gießereien ebensosehr wie sich selbst, entziehen sich gewöhnlich allen gemeinsamen Bestrebungen, die Marktverhältnisse zu bessern, klagen unseren Verein an, er tue nichts für seine Mitglieder und suchen die Schuld für die mißlichen Zustände des Gießereigewerbes stets bei andern, nie bei sich selbst.

Anders liegen die Dinge bei der Preisentwicklung für bestimmte Waren. Hier haben einzelne Hochofengießereien einen verhängnisvollen Einfluß ausgeübt und nur über diesen dürfen sich die reinen Gießereien beschweren. Ob die Hochofengießereien insgesamt einen größeren Gußwarenbedarf an sich gezogen haben, als dem natürlichen Zuwachs des Gußwarenverbrauchs entspricht oder nicht, ist schwer festzustellen, ist auch an dieser Stelle nebensächlich. Wichtig ist, daß die Einrichtung der Hochofengießereien recht verschieden ist. Einige dieser Gießereien, wie die der Gutehoffnungshütte, haben sich langsam entwickelt und betreiben nicht die Herstellung von Massenartikeln, andere sind plötzlich mit besonderen Einrichtungen für die Herstellung gewisser Massenartikel (Röhren, Radiatoren, Bremsklötze) in größtem Umfange auf den Markt getreten in der ausgesprochenen Absicht, den eigenen Roheisenanfall möglichst im eigenen Betriebe zu diesen Waren zu verarbeiten und für diese Waren eine maßgebende Marktstellung zu bekommen. Sie bedurften plötzlich großer Arbeitsmengen in diesen Artikeln und haben durch deren Heranziehung den ganzen Markt für diese Waren mit einem Rucke stark erschüttert und verwirrt und die Gießereien, die solche Waren bisher herstellten, in arge Verlegenheit gebracht, die sich in starke Erbitterung umsetzte.

So schrieb man mir noch nach dem Lesen der im ersten Abschnitt abgedruckten Verhandlungen, alle Behauptungen, daß die Hochofengießereien die Preise nicht verderben, seien hinfällig. Ich möge mir die Ergebnisse der Vergebungen von Kanalisationsguß einmal ansehen und feststellen, daß dabei fast stets eine große Hochofengießerei Preise abgebe, die vom Standpunkt der reinen Gießerei gesehen und nach ihren Selbstkostenrechnungen beurteilt als Schleuderpreise bezeichnet werden müßten. Ich prüfte die mir übersandten Verdingungsergebnisse für Kanalisationsteile, und mußte durchaus bestätigen, daß die angeklagte Hochofengießerei in der Tat fast stets mit ihren Preisen weit unter dem Durchschnitt war; dennoch mußte ich der Eisengießerei, die mich auf diese sicher sehr unerfreuliche Tatsache hingewiesen hatte, mitteilen, daß dieser an sich richtigen Beobachtung keine unbedingte Beweisfähigkeit dafür zukomme, daß »die Hochofengießereien« Schleuderpreise haben. Aus den Unterlagen ging zwar hervor, daß in vielen Fällen die angeklagte Hochofengießerei H. gerade für Schachtausrüstung die niedrigsten Preise abgegeben hatte, daß aber andere Hochofengießereien bei denselben Vergebungen durchaus angemessene Preise gefordert haben. Das trifft z. B. zu bei den Vergebungen

Kassel 12. 12. 1913.   Sinkkastenaufsätze
                                   Schachtdeckel
Hochofengießerei H. . . .   M. 4 700
Hochofengießerei B. . . .   M. 5 600
Kiel 6. 3. 1914.   Schachtdeckel
Hochofengießerei H. . . .   M. 9 447
Hochofengießerei C. . . .   M. 11 674
Halle a. d. Saale 4. 3. 1914.   Kanalteile
Hochofengießerei H. . . .   M. 19 340
Hochofengießerei C. . . .   M. 24 673
Köln 30. 12. 1913.   Kanalteile
Hochofengießerei H. . . .   M. 28 206
Hochofengießerei C. . . .   M. 32 970
Magdeburg 29. 7. 1914.   Kanalteile
Hochofengießerei H. . . .   M. 8 640
Hochofengießerei B. . . .   M. 10 375
Hamburg 6. 8. 1914.   Kanalteile
Hochofengießerei C. . . .   M. 6 750
Hochofengießerei B. . . .   M. 9 720
Hochofengießerei D. . . .   M. 15 600
Hagen 5. 5. 1914.   Schachtdeckel
Hochofengießerei B. . . .   M. 13 150
Hochofengießerei H. . . .   M. 13 175
Hochofengießerei C. . . .   M. 13 220
2 reine Gießereien billiger!
Essen 2. 3. 1914.   Kanalgußeisenteile
Hochofengießerei H. . . .   M. 30 468
Hochofengießerei E. . . .   M. 35 630
Hochofengießerei C. . . .   M. 39 102
Altona 20. 8. 1914.   Kanalteile
Hochofengießerei C. . . .   50 Pf. für 1 Stück
Hochofengießerei B. . . .   70 Pf. für 1 Stück
Witten 28. 4. 1914.
Hochofengießerei C. . . .   M. 12 613
Hochofengießerei H. . . .   M. 13 427
Düsseldorf 4. 3. 1914.   Kanalteile
Hochofengießerei B. . . .   M. 26 376
Hochofengießerei C. . . .   M. 30 544

Aus diesen Quellenangaben kann man nicht schließen, daß die Hochofengießereien schleudern. Darauf aber kommt es bei unserer allgemeinen Begandlung des Themas an. Man kann allerdings zugeben, daß auffallend oft die Gießerei H. bei Kanalisationsguß am billigsten anbietet, muß aber sofort darauf hinweisen, daß andere Hochofengießereien in solchen Fällen ganz anständige Preise fordern, und damit ist eben die allgemeine Beweisführung gegen die Hochofengießereien gefallen.

Ich erinnere ferner an den berühmten Fall der Bremsklötze. In den Verhandlungen am 7. April ist gesagt worden, schon vor dem Auftreten der Friedrich-Wilhelmshütte auf dem Bremsklotzmarkt hätten reine Gießereien sehr niedrige Preise gefordert, und daher seien auch in diesem Falle die Hochofengießereien nicht die Preisverderber gewesen. Dieser Schluß ist nicht richtig. Wenn gelegentlich einmal früher ein niedriger Bremsklotzpreis abgegeben wurde, so hat er den Preisstand im allgemeinen nicht auf die Dauer erheblich zu senken vermocht. Seitdem aber eine Hochofengießerei diese Ware aufgenommen und sofort einen großen Teil des deutschen Bremsklotzverbrauchs an sich zu reißen versucht hat, ist nicht nur eine gelegentliche und einmalige, sondern eine dauernde tiefgreifende Veränderung in den Verhältnissen der Bremsklotzherstellung vor sich gegangen. Das zeigt die Entwicklung der Dinge ganz klar. Denn nun kommt sofort eine andere Hochofengießerei und macht die Bremsklötze noch billiger wie die erste und verlangt bei Preisverständigungen einen noch größeren Anteil wie die erste, so daß der ganze Markt sehr schnell für die reinen Gießereien ausscheidet und zu einem Kampfplatz der Hochofengießereien untereinander wird. Einzelne reine Gießereien wollen das nicht einsehen, suchen sich diesen Teil ihrer Warenerzeugung immer noch zu retten und gehen zu diesem Zwecke mit den Preisen noch unter die der Hochofengießereien. Das ist, wenn diese Preise — was bisher noch nicht bewiesen ist — unter den Selbstkosten einer reinen Eisengießerei liegen, zwar nicht sehr praktisch, aber erklärlich, denn solche Füllartikel wie die Bremsklötze sind natürlich für die Erhaltung voller Beschäftigung (und damit niedriger allgemeiner Geschäftsunkosten) in einer Gießerei sehr wichtig.

Nur wenn sich alle beteiligten Bremsklotzgießereien einigen, ist Abhilfe zu schaffen. Es ist sehr erfreulich, daß nunmehr eine solche Verständigung der Bremsklotzgießereien, die schon früher bestanden hat, wieder erzielt ist. Freilich werden sich die alten Preise kaum wieder schaffen lassen, aber der Kampf ist doch beseitigt, und dieses Ergebnis liegt durchaus in der Richtung der Vorschläge, die wir später für eine Verständigung zwischen den Hochofengießereien und reinen Gießereien zu machen haben.

Wo aber solche Vereinbarungen nicht zustande kommen und durch zu hohe Beteiligungsforderungen der Hochofengießereien verhindert werden, da steht es natürlich übel. Die technisch vorzüglich eingerichtete Hochofengießerei, hinter der eine große Kapitalmacht steht, wird in vielen Fällen siegen. Und wenn wir uns denken, daß allmählich alle Massenartikel auf eine solche Weise den reinen Gießereien verloren gehen, so würde das allerdings eine wirtschaftliche Umwälzung im ganzen Gießereiwesen sein. Vorläufig sind wir noch nicht so weit, aber ich kann es keiner Gießerei verdenken, wenn sie diese Spuren schrecken, zumal von Hochofengießereien darauf hingewiesen wird, daß auch der unmittelbare Guß aus dem Hochofen durch Verwendung des Mischers wieder aussichtsreicher zu werden scheine.

Die Hochofengießereien erkennen auch sehr wohl, daß diese Schilderung zutreffend ist, daher suchen sie ihr auf anderm Wege auszuweichen. Sie führen aus, daß die reinen Gießereien kein Anrecht darauf hätten, den gesamten Gußwarenbedarf allein zu decken und daß sie vor allem nicht den Zuwachs am Gußwarenbedarf für sich allein beanspruchen könnten, der im Laufe der Jahre entstehe. Wer die Entwicklung unbefangen verfolge, müsse anerkennen, daß bisher noch keine reine Gießerei durch den Wettbewerb der Hochofengießereien verdrängt worden sei und daß die Erweiterung einiger Hochofengießereien noch nicht einmal dem neu entstandenen Bedarf an Gußwaren entspreche.

Das letzte mag richtig sein; auch mag es zutreffen, daß noch keine reine Gießerei dem Wettbewerb von Hochofengießereien geopfert worden ist. Aber der erste Einwand ist doch sehr mit Vorsicht aufzunehmen. Es besteht allerdings ein ungeschriebenes Gesetz im Wirtschaftsleben, daß es der Industrie, die die Rohstoffe liefert, versagt ist, die Waren herzustellen, die die Rohstoffbezieher erzeugen. Dieser Grundsatz ist heute von den gemischten Werken durchbrochen und das hat u. a. zum Kampf der reinen Walzwerke gegen die Hochofenwalzwerke geführt, auf den ich nachher noch mit einem Worte zu sprechen komme. Diese Durchbrechung hat aber den Grundsatz nicht aufgehoben, und ich werde nachher noch auszuführen haben, warum gerade im Gießereigewerbe der Einbruch der Hochofengießereien so bitter empfunden wird.

Die Rohstoffverbände haben die Schnelligkeit des Vorschreitens der Hochofengießereien gemildert. Je weniger lohnend die Roheisenherstellung ist und je mehr ein gemischtes Werk Roheisen herstellt, desto größer die Notwendigkeit oder wenigstens die Verlockung, das Roheisen selbst zu verarbeiten und durch Massenerzeugung lohnender Fertigware die Rente zu erwirtschaften, die aus der Roheisenherstellung selbst nicht zu schaffen ist. Dieser Fall ist wiederholt eingetreten, wenn der Roheisenverband außer Kraft getreten und die Roheisenpreise gesunken waren. Ich finde gerade in einem Buche von Dr. Hugo Bangert über die Montanindustrie des Lahn- und Dillgebietes (Wetzlar, Schnitzler 1914) folgende Schilderung der Entwicklung bei den Buderusschen Werken in Wetzlar:

Die Buderuswerke gingen schon 1899 mit dem Plan um, einen neuen Betriebszweig aufzunehmen, der ihnen gestattete, einen Teil ihres Roheisens selbst zu verarbeiten. Wir waren auf diese Weise nicht ausschließlich auf den Roheisenabsatz selbst angewiesen, der nach früheren Erfahrungen bei ungünstiger Marktlage schwierig ist.

Um die Wende des 19. Jahrhunderts traten nämlich auf dem Roheisenmarkt Veränderungen ein, die insbesondere die reinen Hochofenwerke, zu denen damals auch noch Buderus zählte, veranlaßten, ihren bisherigen Charakter aufzugeben und die Entwicklung von Nebenbetrieben zu betonen.

Die großen rheinisch-westfälischen Werke hatten im Laufe der Zeit ihre Hochofenanlagen ausgebaut und bedeutend vergrößert. Dadurch waren sie in die Lage versetzt, nicht nur ihre eigenen Betriebe ausreichend mit Roheisen zu versorgen, sondern sie konnten auch bei entsprechender Lage des Marktes noch erhebliche Mengen anderweitig absetzen.

Ferner fällt in diese Zeit die Errichtung des Kraftwerkes bei Stettin im Jahre 1899, dem dann später die Hochofenanlagen in Lübeck, Bremen und Emden folgten. Diese neuen Unternehmungen, zunächst mit ihrer Roheisenerzeugung auf den offenen Markt angewiesen, mußten natürlich das Roheisengeschäft, das schon damals keinen besonderen Nutzen abwarf, empfindlich beeinträchtigen. Der Roheisenabsatz der reinen Werke mußte immer mehr beschränkt werden.

Um nun den Hochofenbetrieb in seinem bisherigen Umfange aufrecht erhalten zu können, und sich mit einem Teil der Erzeugung vom Markte un-

abhängig zu machen, wurden im Jahre 1901 auf der Sophienhütte in Wetzlar ausgedehnte Gießereien errichtet, in denen anfänglich Gußrohre bis zu einer Lichtweite von 500 mm mit den dazu gehörigen Formstücken und Maschinenguß hergestellt wurden. Die Anlage war für eine Leistung von jährlich 25 000 t Erzeugnisse vorgesehen. Seit der Erweiterung der Röhrengießerei im Jahre 1907 ist sie nunmehr imstande, Röhren bis 1500 mm Lichtweite zu gießen. Auch die Anlagen für Formstückgießerei und Maschinenguß wurden wesentlich vergrößert, und neuerdings hat man auch die Herstellung von schwerem Bergwerkguß, als bearbeiteten Tübbings, Dammtüren usw. aufgenommen.

Die immer dringender werdende Notwendigkeit, in erhöhtem Maße auf die eigene Roheisenverwertung hinzuwirken, führte im Jahre 1905 zu einer Verschmelzung der Eisenwerke Lollar und Buderus und zwei Jahre später zum Ankauf der in Staffel a. d. Lahn gelegenen Karlshütte vorm. Karl Schlenk.

Durch die Zusammenlegung mit dem früher abgetrennten Lollarer Werk wurde den seitherigen Betrieben eine Radiatorengießerei und Heizkesselfabrik, durch den Erwerb der Karlshütte eine Gießerei für Abflußrohre und Kanalguß angegliedert.

So hat das Unternehmen, das anfangs in der Hauptsache aus dem Bergbau und Hochofenbetrieb bestand, seinen Charakter als reines Hochofenwerk verloren und den eines gemischten Werkes angenommen.

Auf diese Weise wurde es möglich, den Selbstverbrauch an Roheisen erheblich zu steigern. 47% der im Jahre 1912 abgesetzten Mengen gelangten im eigenen Betrieb zur Verarbeitung.

Wie sich die Entwicklung der Gießereiabteilungen vollzogen hat, erhellt am besten aus folgenden Zahlen:

R ö h r e n w e r k:	1905	1912
Röhren	19 775 t	31 891 t
Formstücke, Maschinenguß und		
sonstige Gußwaren	2 744 t	7 280 t
L o l l a r:		
Radiatoren	10 407 t	25 633 t
Heizkessel	2 080 t	8 718 t
Maschinenguß	2 610 t	—
K a r l s h ü t t e:		
Abflußrohre und Kanalguß .	6 119 t	12 135 t

Die Gesamterzeugung an G u ß w a r e n erfuhr folgende Steigerung:

1902:	9 310 t
1903:	19 190 t
1904:	20 682 t
1911:	73 163 t
1912:	90 593 t.

Die Gießereiabteilung für M a s c h i n e n g u ß ist auch für den Guß schwerer Stücke, wie Dreh- und Gleichstromgehäuse, Ankerkörper, Induktorräder, Kondensatorstirnböden, Grundplatten u. dgl., eingerichtet und zählt zu ihren Hauptabnehmern in erster Linie die großen Elektrizitätsgesellschaften wie A. E. G., Felten- und Guilleaume-Lahmeyerwerke, sodann die Maschinenfabrik Augsburg-Nürnberg, Werk Gustavburg/Mainz usw.

Einen recht bedeutsamen Aufschwung haben die A u s l a n d lieferungen der Röhrengießereien in den letzten Jahren erfahren. Sie betrugen:

1910:	2990 t im Gesamtwerte von	M.	272 214
1911:	4977 t » »]	» M.	443 989
1912:	8916 t » »	» M.	1 021 004.

Als bester Abnehmer kann hier Holland genannt werden, wohin im Jahre 1912 allein 5467 t Muffenrohre, Flanschenrohre und Formstücke im Gesamtwerte von M. 644 781 geliefert wurden; der größte Teil hiervon war für Holländisch-Indien bestimmt. Weitere Sendungen gingen nach Dänemark, nach Rumänien für die Kanalisation von Bukarest, nach Brasilien, Luxemburg, Österreich, Rußland und Italien.

Diese Darstellung ist nach mehreren Richtungen interessant. Nicht unwichtig ist es, aus ihr zu sehen, daß ein erheblicher Teil der Massenerzeugung nach dem Auslande gegangen ist, also den Inlandmarkt nicht belastet hat. Sie zeigt weiter drastisch, daß die Roheisenerzeugung zunächst weit über die Absatzmöglichkeit ausgedehnt wird, und diesen Fehler sucht man dadurch gut zu machen, daß man die Eisenverarbeitung ausdehnt. Weiter ergibt sich die Richtigkeit meiner Ansicht, daß schlechte Roheisenpreise vor allem in syndikatloser Zeit die Entstehung neuer Hochofengießereien begünstigen.

Diese Betrachtung zeigt, daß die Eisengießereien neben vielen anderen Gründen für eine grundsätzliche Anerkennung der Rohstoffverbände zu beachten haben, daß schlechte Roheisenpreise, wie sie eine Zeit ohne Roheisenverband bringt, die Erweiterung der Hochofengießereien zur Folge haben oder wenigstens haben können.

Immerhin vermochten feste Roheisenverbände die Entwicklung der Hochofengießereien wohl zu verlangsamen, aber nicht zu hindern; die Jagd nach hohen Beteiligungen hat bei einigen gemischten Werken jede Rücksicht auf die Roheisen beziehenden Fertigindustrien beiseite gedrückt, und das ist durch das Bestehen des Roheisenverbandes anderseits vielleicht wieder begünstigt worden. Bei freiem Wettbewerb in Roheisen würde sich vielleicht manches Hochofenwerk mehr hüten, den Gießereien Wettbewerb zu bereiten, da dann das Roheisen des Werkes von den Gießereien nicht mehr gekauft werden würde. Immerhin würde, glaube ich, diese Furcht heute bei gemischten Werken, die Hochofengießereien zu Spezialwerken ausgebaut haben, nicht mehr durchschlagend sein, weil sie eben die Kapitalmacht haben, sofort ins Gebiet der Gießerei selbst überzugreifen. Die moralische Forderung aber, daß der Rohstoffhersteller den Fertigwarenhersteller, der ihm die Rohstoffe abnimmt, schützen soll, bleibt trotz aller Verletzungen bestehen, nur ist wenig Hoffnung vorhanden, eine solche Art natürlicher Produktionsordnung festzuhalten ohne den guten Willen der gemischten Werke. Und es ist keineswegs unmöglich, diesen zu beweisen, daß sie gerecht handeln, wenn keine neuen Hochofengießereien mehr gegründet und die bestehenden mit Maßen entwickelt werden. Die gemischten Hochofenwerke meinen, daß das ein unerhörtes Opfer bedeute. Das ist aber nicht richtig, denn jede Entwicklung der reinen Gießereien vermehrt den Roheisenabsatz der Hochofenwerke und dieser ist gerade bei den gemischten Werken recht gewinnbringend. Das ist alles, was diese Werke verlangen können.

Es kann nach diesen Ausführungen als festgestellt gelten, daß für einzelne Waren einzelne Hochofengießereien die Marktverhältnisse vollständig zuungunsten der reinen Eisengießereien gewandelt haben, daß aber im allgemeinen die geringe Stetigkeit der Gußwarenpreise keine Folge des Auftretens der Hochofengießereien ist, sondern es muß anerkannt werden, daß diese wenigstens in Rheinland und Westfalen und für Bau- und Maschinenguß vor einigen Jahren den reinen Gießereien sehr weit entgegengekommen sind, um beim Abschluß einer festen Preisvereinbarung mitzuhelfen. Es muß aber

gesagt werden, daß sich diesem Angebote nicht alle Hochofengießereien angeschlossen hatten und das Scheitern des Planes zwar hauptsächlich, aber nicht allein den reinen Gießereien zur Last gelegt werden muß.

Damit ist aber keineswegs gesagt, daß die Hochofengießereien gar keine Schuld trifft.

Es ist durchaus zutreffend, daß am Anfang der Gießerei der Hochofenguß stand und dieser von dem Kupolofenguß verdrängt worden ist[1], aber der Schluß der Hochofengießereien, daß sie von dieser Entwicklung Nachteile gehabt hätten und es deshalb richtig sei, nunmehr ihr altes, ihnen von den Kupolofengießereien weggenommenes Arbeitsgebiet wieder zu beanspruchen, wenn sie ihre Gußwarenerzeugung ausdehnten, ist ganz falsch. Der Übergang des Hochofengusses an den Kupolofen erinnert sowohl in den Tatsachen wie auch in der Stellung, die die betroffenen Eisengießereien zu ihnen nehmen, lebhaft an die Verschiebung der Erzeugung zwischen den reinen Walzwerken und den gemischten Werken.

Die reinen Walzwerke haben geradeso wie jetzt die reinen Gießereien die Anklage erhoben, die gemischten Werkstätten hätten sie erdrosselt, und in beiden Fällen weisen die gemischten Werke die Anklage mit denselben Gründen, die aus der Geschichte der Industrie entnommen sind, zurück. So sagt eine Jubiläumsdenkschrift des Phönix, die viel erhobene Klage, die gemischten Werke hätten die sog. »reinen Walzwerke« rücksichtslos erdrosselt, sei nicht so berechtigt, wie es den Anschein habe. »Tatsächlich[2] haben die »reinen Walzwerke« ihre eigentliche Bedeutung erst nach dem Entstehen der gemischten Werke erhalten und später nur wieder hinter diesen, tatsächlich älteren Unternehmungen zurücktreten müssen. Es ist das alte Wellenspiel des Lebens, das abwechselnd den einen und den anderen in die Höhe hebt oder sinken läßt: auch der Aufstieg und der Rückgang der reinen Walzwerke ist in dem naturnotwendigen Wirken der Veränderungen der Technik begründet. Organisch gehört ein reines Walzwerk mit einem Stahlwerk zusammen, und dementsprechend waren auch die meisten alten Walzwerke von Bedeutung mit Puddelwerken vereinigt. Als aber die Erfindung Bessemers eine wesentliche Verbilligung der Stahlerzeugnisse brachte, und zugleich diese Art der Flußstahlherstellung sich als lohnend nur im Großbetrieb erwies, da fühlten sich die kleinen Werke veranlaßt, ihre Puddelbetriebe stillzulegen und zum Bezug von Halbzeug überzugehen; sie wurden damals also erst »reine Walzwerke«, die nunmehr durch Vergrößerung lediglich ihrer Walzanlagen ihre Erzeugung ohne wesentliche Kosten steigern konnten. Diese Sachlage regte zugleich zur Neugründung solcher Werke an, da der Bau eines teuren Stahl- oder Puddelwerkes nicht mehr nötig war. Es ist klar, daß diese durch die Entwicklung der Technik in die Höhe gehobenen reinen Walzwerke in dem Augenblick in eine Notlage kommen mußten, als die Halbzeugpreise, die durch den vielseitigen Wettbewerb inzwischen noch ungewöhnlich tief gesunken waren, infolge der Vereinigung der Erzeuger und gleichzeitiger Zunahme der Eigenverarbeitung des Rohstahls durch die Stahlwerke wieder in die Höhe gingen. Die »reinen Walzwerke« wurden dadurch veranlaßt, die frühere Verbindung mit Stahlwerken in irgendeiner Form wieder einzugehen. So z. B. die Westfälische Union, die 1896 in den »Phönix« aufgenommen wurde, ursprünglich alles Halbzeug selbst hergestellt, allmählich aber immer mehr gekauft, bis sie schließlich nahezu ein Werk der reinen Weiterverarbeitung war, das

---

[1] Wir werden diese Entwickelung nächstens in einem besonderen Aufsatze darstellen.

[2] Keibel, Aus hundert Jahren deutscher Eisen- und Stahlindustrie, Schmollersche Jahrbücher 1914.

allein Halbzeug für etwa M. 10 Mill. jährlich beschaffte und nach dem Zustandekommen des Halbzeugverbandes natürlich in große Schwierigkeiten geriet. Ihr Beispiel zeigt, daß das Geschick der »reinen Walzwerke« den »gemischten Betrieben« als solchen nicht zur Last gelegt werden darf.«

Nun mögen allerdings privatwirtschaftlich die Dinge zugunsten der Walzwerkserzeugung und der Gußwarenerzeugung der großen gemischten Werke so liegen, wie wir es eben vom Phönix haben schildern hören, und vom Standpunkt der Rentbarkeit der gemischten Werke sowohl wie der billigsten Erzeugung für die Allgemeinheit mag diese Entwicklung zu rechtfertigen sein. Volkswirtschaftlich liegen die Dinge etwas anders. Als die alten Holzkohlenhochöfen die Gußwarenerzeugung an die Kupolöfen abgaben, bedeutete das: Verteilung einer im Verbrauche stark wachsenden Warenmenge aus der Hand weniger Betriebe an viele Betriebe, deren Lebensmöglichkeiten verstärkt wurden, bedeutete das: Zerstreuung einer bisher an wenige Stellen gebundenen Industrie über das ganze Land. Diese Umwandlung beeinträchtigte die Hochofenwerke gar nicht, sondern war eine Arbeitsteilung, bei der die Hochofenwerke für die entgangene, für sie immer schwieriger werdende Gußwarenerzeugung durch wachsenden Absatz des einfach herzustellenden Gußeisens an die Gießereien II. Schmelzung durchaus schadlos gehalten wurden. Der umgekehrte, neuerdings einsetzende Vorgang des Ausbaus großer Eisengießereien bei den gemischten Werken dagegen bedeutet eine Arbeitsvereinigung. Er nimmt mittleren Betrieben große Arbeitsmengen, entzieht ihnen letzten Endes die Herstellung ganzer Warengruppen, stärkt zwar die Volkswirtschaft, schwächt aber viele Privatwirtschaften, denen keinerlei Ausgleich für den entgangenen Warenabsatz gegeben werden kann.

Die leidenschaftlichen Klagen der reinen Walzwerke sind heute verstummt, weil es die großen gemischten Werke verständigerweise vorgezogen haben, sich viele dieser Betriebe anzugliedern und so weiter lebendig zu erhalten, statt sie durch die Gründung eigener neuer Werke zu vernichten. Ob eine ähnliche Lösung der Schwierigkeiten auch bei den durch den Wettbewerb der Hochofengießereien betroffenen reinen Eisengießereien möglich wäre, sei an dieser Stelle nicht entschieden. Die Antwort muß auch verschieden sein, je nachdem es sich um die eine oder andere Massenerzeugung handelt. Durch Verbandsbildungen wenigstens die Preise zu schützen, wäre möglich, wenn man die Arbeitsmengen verteilen und so wenigstens eine weitere Verschiebung der Beteiligung am Gesamtabsatz zugunsten der gemischten Betriebe verhindern könnte. Ob das angängig ist und die gemischten Werke für einen Produktionsschutz in dieser Form zu haben wären, sei dahingestellt.

Die Hochofengießereien haben eine Antwort auf diese Frage des Schutzes der Gußwarenerzeugung in den Verhandlungen am 7. April umgangen. Es ist aber, wie wir gesehen haben, durchaus berechtigt, diese Angelegenheit zu erörtern, so schwierig sie auch ist. Schließlich beginnt die Erregung, die aus vielen falschen und wenigen richtigen Angriffen auf den Roheisenverband und die gemischten Werke spricht, doch Forderungen aufzuwerfen, die an den Grundlagen unserer Wirtschaftspolitik rütteln. Unter diesen, von einigen Gießereikreisen aufgestellten Forderungen befinden sich die Aufhebung des Roheisenzolles, die Bekämpfung der Bildung von wenigen, großen, alles beherrschenden Riesenunternehmungen der Eisenindustrie. Das Dasein solcher Forderungen zeigt, daß die ganze Frage nicht mehr eine innere Angelegenheit der Gießereien, sondern eine solche der deutschen Volkswirtschaft ist.

Am eindringlichsten aber predigen uns die Verhandlungen zwischen Hochofengießereien und reinen Gießereien die Notwendigkeit für die reinen Gießereien, technisch ihre Betriebe den höchsten Anforderungen anzupassen, die größte Wirtschaftlichkeit in ihnen durch gute Einrichtungen und sorgsame Spezialisierung, die freilich auch ihre Gefahren hat, zu erzielen und mit größter Schärfe und ohne Selbsttäuschung die Selbstkosten zu berechnen und nach diesen zu verkaufen. Die Neigung, anzunehmen, daß der Gießer, mit dem man im Wettbewerb steht, schon richtige Selbstkosten berechnet haben werde und man diese für sich selbst unbesehen übernehmen und fremde Gußwarenpreise ohne weiteres anerkennen könne, muß verschwinden. Und damit komme ich wieder zu meinem alten Satze, daß nur eine gute Verkaufspolitik den Gießereien endgültig helfen kann und daß diese Verkaufspolitik, wo es die Ware erfordert, mit den Hochofengießereien und nicht gegen sie zu treiben ist. Freilich kann das nur mit solchen Hochofengießereien geschehen, die den Willen haben, die reinen Gießereien zu schonen und ihnen den Spielraum zu lassen, den sie haben müssen.

Druck von R. Oldenbourg in München.

Köln	Lose	Betzdorf	Bovermann	Koblenz-Metternich	Bra
	—	—	—	—	
1903	10—28	—	—	—	
		—	18	—	
	—	—	—100 t	—	
1904	17—37	—	11,24	—	
		14, 26, 27	13	13—33	1
			—	—	
1905	13—33	11,30	12,80	12,—	12,8
		20, 31, 33	18—27	—	2
	—		—	—	
1906	18—40	13,50	16,—	—	
		17—39	—	—	
	—		—	—	
1907	17—39	13,50	—	—	
		—	33—55	—	3
	—			—	
1908	33—55		9,—	—	
		—	34—55	—	3
	—	—	—330 t	—	
1909	34—55	—	9,60	—	
		26—46	—	—	2
	—	—	—	—	
	—	—500 t	—	—	bis 3
1910	26—46	9,30	—	—	dar
	—	—	—	—	
		—	—	—	
1911	16—39	—	—	—	
		—	—	—	2
	—	—	—	—	300
1912	21—43	—	—	—	14,5
		34,47	—	—	3
	—	—	—	—	
1913	33—57	9,50	—	—	

[1]) Außerdem im Auftrage der Firmen: Jaeger, Henschel, Schütte-Meyer, Bec
[2]) Außerdem im Auftrage von: Jaeger, Schutte-Meyer, Beck & Henkel, Jü

Koln	Beck & Henkel	Dingler-Karcher	Freitag & Co., Haspe	Eisenhütte Westfalia	
	14—18	27/28	—	—	
	—	—	—	—	
1903	11,60	10,80	—	—	
	23, 25, 26	35	—	—	
	—	—	—	—	
1904	11,25—13,40	11,25	—	—	
	22	25	—	—	
	—	—	—	—	
1905	11,80	11,80	—	—	
	22, 32	39, 40	18—40	18—40	3
	—		—	—	
1906	16,— 14,—	14,—	13,80—16,—	13,70	
	.	—	—	—	

Bremsklotzver

nd	Henschel & Sohn	F. Hasenkamp & Co.	Aplerbeck	Franksche Eisenwerke	Frdr. Spieß Söhne
23	—	11, 17, 12, 13	15	16, 19, 20, 24 26—28	10—15, 22/23
	—	11,60 10,80	10,—	9,80—11,60	10,80—11,80
	20	18, 19, 26, 30/32	22	27/29, 33	18—20
	—		—	—	—
	11,25—13,25	10,80—13,26	11,25	11,25	11,25—12,50
	17, 21, 22	15, 20, 23	18	13, 14, 22/32	15, 16
	—		—		—
	11,80—14,—	11,80—13,80.	11,80	{ 11,80—13,80 13,80,	13,80, 11,80
	23, 25, 26, 35, 36	21, 28, 31	24	18, 20, 28—36 40	19, 25
			—		—
	14,— 16,—	16,—	13,90	14,— 16,—	16,— 14,—
	—	—	—	—	—
	—	—	—	—	—
	—	—	—	—	—
	33—41	33,35, 40	33—55	41, 44—52	—
	1000 t | 3000 t	—			
	8,25 | 8,—	8,60, 8,80	8—9,—	8,20—9,50	
	34—55	34—55	34—55	—	—
	—	400 t	—530 t		
	9,60	9,60	9,60	—	—
	28—31, 34	26—46	26—46	—	—
	37—39	—	—	—	—
	—1000 t 9,10	—	—		
	weitere 1000 t	—	—	—	—
	9,25	8,90—9,40	9,50	—	—
	—	—	—	—	—
	—	—	—	—	—
	—	—	—	—	—
	—	—	—	—	—
	—	—	—	—	—
	—	—	—	—	—
	33—57	33—43	—	—	—
	3000 t	—	—	—	—
	9,29	10,40—10,60	—	—	—

e Werke, Junkerath.
erke.

s	Brandsche Eisenwerke	H. Overmann Nachf.	Deutsch.-Lux. Mulheim	Denecken Haensch	Leißner
	—	—	—	10—18	—
	—	—	—	—	—
	—	—	—	10,—	—
	—	—	—	—	—
	—	—	—	—	—
	—	—	—	—	—
	—	—	—	—	—
	—	—	—	—	—
	—	—	—	—	—
	—	—	—	—	—
	—	—	17—39	—	—

Georgs-Marien	Gelsenk. Gußst.	Eisenwerk Germania	Jaeger	Schutte-Meyer	Döring & Co
14—18	—	—	10—16, 21/23	—	—
—	300 t, 17,18	—	—	—	300 t 18,-
11,60	10,79	—	10,80—11,80	—	10,80
17—37	21, 23, 24	—	17, 20, 37	—	23—31
300 t	—	—	— 180 t	—	—
13,25	11,25	—	11,25	—	11—13,2
13—33	19—21	13, 15, 16, 19, 20	14, 16, 17, 18, 21, 27	14—30	21
—	—				—
14,—	11,70	12,02	11,80—14,—	13,80—14,—	11,80—13,
—	26, 27	18—40	18—22, 24	19—22, 25—27 31, 33	27
—	—	—	—		—
—	13,90	14,40	14—16,20	13,95—16,10	13,95 ev. 1(
—	—	—	—	—	—
—	—	—	—	—	—
33—55	37—40, 42	—	33—35, 41	33—55	33—55, 3
—	—	—	—	—	—
9,65	7,80—8,—	—	7,99—9,25	8,10—8,90	8,50, 8,2
34—55	37—40, 42	—	34—55	34—55	—
—	—	—	— 730 t	850 t	500 t	500 t
8,40	9,80	—	9,60	8,45	8,75	—
26—46	V. 26—46	—	V. 26—46	V. 26—46	26—46
—600 t	—	—	—	—	f. versch. W
	—	—	—	—	500 t 9,4
	—	—	—	—	weitere
10,—	8,90—9,40	—	8,90—9,40	8,90—9,40	500 t 9,(
—	—	—	—	—	unget. 10,
—	—	—	—	—	—
—	—	—	—	—	—
—	—	—	—	—	—
21—43	21—43[1]	—	—	—	21—43
—500	11,85	—	—	—	11,70—12,
11,80	unget. 10,20	—	—	—	—
33—57	33—57[2]	—	—	—	33—57
500 t	—	—	—	—	300 t
9,75	9,39—9,59	—	—	—	9,50—10,

Kgl. Hüttenamt Uslar	Chr. Voß	vorm. Gebr. Guttsmann	Tschirndorf	M.-Gladbach Eisenwerk	Union, Dortmund
—	—	—	14—18, 19—23	—	14,16, 25,
—	—	—	—	—	—
—	—	—	11,—, 11,50	—	10,24, 9,6
—	—	—	—	—	—
—	—	—	—	—	—
—	—	—	—	—	—
—	—	—	—	—	—
—	—	—	—	—	—
—	—	—	—	—	—
—	—	—	—	—	—
—	—	—	—	—	—

Wagner, Limburg	Westerwälder Eisengießerei	Feldhoff	Jünkerath	G. Luther, Darmstadt	Eisenwerk K iserslautern
2 I	—	—	6—28	I , 24, 25	—
—	—	—		9,—	—
9,25	—	—	10,50—I 90		—
/19, 30/31	—	34	35, 36	32—34	35—37
			— 200 t	—	
11,25	—	11,25	11,2	11,25—13,—	I ,50—12,90
2—27, 30	25, 26/27	26	I, 32	28—30, 32	28—32, 33
		—		—	
13,80	12,35 11,—	11,80	1,60—13,80	11,80—I ,82	14, 11,80/I ,—
28—33	28,37	31,33	—	37—40	—	37
		—		—	
,90—16,—	13,— 12,90	—	13,95—15,50	—	14,—
—	—	—	17—39 mit dem V rband von		—
			21 Fi men:		
—	—	—	un et. 13,70, ge . 15,2		—
4, 43—5I	45—48	39	46, 48, 49,	—	5² 53, 5
	—	—	5²/55	—	—
,90—8,50	9,50	9,50	8,15, 8,30, 7,90	—	9,90
—	—	39	34—55	—	—
—	—	9,60	8,60	—	—
35—42	—	26—3²	V 26—46	—	40, 43
7oo t	—	—	—	—	—
—	—	—	—	—	—
,30—10,—	—	9,—	8,90—9,40	—	9,30
—	—	—	—	—	—
3I 27, 29, 30, 32	—	18, 16—32	16—39 'm Auftr g von	—	—
10,—	—	— 5oo t	14 verein. Firmen	—	—
28	—				
9 40	—	9,50, 9,70	unget. 10,85, get. 12,35	—	—
33, 36	—	21—43	—	—	37, 4o 43
		5oo t	—	—	
2,— 12,50	—	11,40	—	—	11,90
44—5o	—	—	—	—	, 53,
8oo t	—	—	—	—	
9,5o	—	—	—	—	10,50

Theob. Schütt	Meininger Maschmenfabrik	Gans & Co.	l, Limburg	Pleißner, Elze	mann & Co.
—	--	—	—	—	—
—	—	—	—	—	—
—	—	—	—	—	—
—	—	—	—	—	—
—	—	—	—	—	—
—	—	—	—	—	—
—	—	—	—	—	—
—	—	—	—	—	—
- -	—	—	—	—	—
—	—	—	—	—	—
—	—	—	—	—	—

1907	—	—	—	—
	—	—	—	30 t
	—	—	—	14,50
	—	50	—	33—55
1908	—	8,60—8,80	—	8,60
	36	—	—	34—55
1909	8,20	—	—	9,—
	35, 39	43, 46, 44, 45	—	—
	—	—	—	—
	—	—	—	—
1910	10,— 9,50	9,50, 9,—, 8,90	—	—
	19	—	—	—
1911	12,50	—	—	—
	—	41, 42	—	—
	—	—	—	—
	—	—	—	—
1912	—	11,80	—	—
	—	53—55, 56, 57	—	—
	—	—	--	---
1913	—	9,80 10,50	--	---
	—	—	--	---

Köln	Gelsenk. Bergw. Akt.-Ges., Abt.Schalke	Herzberger Eisengießerei	Hasper Eisengießerei	Kratzig & Söhne	Gu
1903	—	—	—	—	
	—	—	—	--	
1904¹)	—	—	—	—	
	—	—	—	—	
1909	34—55	—	—	—	
	—1283 t				
	9,60	—	—	--	
	26—46	39	26—46	—	
1910	—	—	—200 t		
	8,45	10,50	9,70	--	
	—	—	—	30	
1011	—	—	—	10, 15	
	21—43	21—43	21—43	—	2
1012	—	— 200 t	—1000 t	—	3
	10,30	13,—	13,—	—	
	—	—	—	—	
	33—57	33—57	33—43	—	
1913	—	—	—1000 t	—	
	9,28	11,—	12,—	-	
	—	—	—	—	
	—	—	—	—	

¹) 1905—1908 keine Angebote.

—	—	—	—	—
—	—	—	—	—
—	—	12,20	—	—
—	—	33—55	33—55	36, 47, 48
—	—	—	—	—
—	—	7,94—8,32	11,—	9,50
—	—	34—55	34,35	—
—	—	—1283 t	—	—
—	—	9,60	11,—	—
V. 26—46	26—46	—	26—46	—
—	—500 t	—	—	—
—	—	—	—	—
—	—	—	—	—
8,90—9,40	10,—	—	11,—	—
—	—	—	20—24	—
—	—	—	—	—
—	—	—	11,50	—
—	—	21—43	21—43	—
—	—	—	—	—
—	—	—	—	—
—	—	9,49	13,—	—
—	—	33—57	33—57	—
—	—	—	—	—
—	—	9,98	11,—	—
—	—	—	—	—
—	—	—	—	—
—	—	—	—	—

Thyssen	Bergwerksverwaltung München	Kgl. Berg- und Hüttenamt Amberg	vorm. L. A. Enzinger	Wittener Stahl- und Formgießerei
—	—	—	—	—
—	—	—	—	—
—	—	—	—	—
—	—	—	—	—
—	—	—	—	—
—	—	—	—	—
—	—	—	—	—
—	—	—	—	—
—	—	—	—	—
—	—	—	—	—
—	—	—	—	—
—	—	—	—	—
—	—	—.	—	—
21—43	30—34, 35	—	—	—
unget. | geteilt	12,20, 11,84	—	—	—
10,— | 10,50	36—39	—	—	—
—	12,20	—	—	—
33—57	—	44, 45	33—57	42
—	—	—	—	285 t
8,70	—	9,32	10,—	12,75
bei 5000 t 8,90	—	—	—	—
bei 3000 t 9,10	—	—	—	—

—	—	—	—	—	—
—	—	—	—	—	—
—	—	—	—	—	—
—	—	—	—	—	—
36, 47	33—47	33—47	33—47	34,35	33, 39—
—	300 t	—	—	—	—
9,90	11,20	9,70	10,25	10,60	8,30
—	—	34—55	34—55	—	34—55
—	—	—	—1000 t	—	—400 t
—	—	9,50	10,50	—	9,60
—	26—46	26—46	26—46	—	—
—	—	—	—	—	—
—	—	—	—	—	—
—	13,—, 18,—	9,50	10,50	—	—
—	·	—	—	—	—
—	—	—	—	—	—
—	—	—	21—43	—	—
—	—	—	13,—	—	—
—	—	—	—	—	—
—	—	—	33—57	—	—
—	—	—	—	—	—
—	—	—	11,50	-	—
—	—	—	—	—	—

Lothringsche Eisenwerke	Heinrichshütte Schweidnitz	Westf. Eisen- und Drahtwerke	Pringsheim	Saarbrucker Gußstahlwerke	Arndt
—	—	—	10—13, 14—18	—	10—18
—	—	—	—	—	—
—	—	— ·	13,—, 13,80	—	12,—
—	—	—	—	35—37	—
—	—	—	—	—	—
—	—	—	—	12,50	—
—	—	—	—	—	—
—	—	—	—	—	—
—	—	- -	—	—	—
—	—	—	—	—	—
—	—	—	—	—	—
—	—	—	—	—	—
—	—	—	—	—	—
—	—	—	—	—	—
50—57	51	36—38	—	—	—
—	—	—	—	—	—
10,25	11,—	10,85	—	—	—
—	—	—	—	—	—

—	—	—	—	—	—
—	—	—	—	—	—
—	—	—	—	—	—
33—55	47	45—51	45	36 47, 4	—
8,90	10,50	9,50	8,70	8,50	—
34—55	—	—	—	—	34—5
—600 t	—	—	—	—	—
8,90	—	—	—	—	16,—
—	39	35—38	—	—	—
—	—	—	—	—	—
—	—	—	—	—	—
—	10,50	8,60	—	—	—
16—39	—	—	—	—	—
—600 t	—	—	—	—	—
9,50	—	—	—	—	—
—	—	33—37	—	—	—
—	—	16,30	—	—	—
—	—	46—50	—	—	—
—	—	16,70	—	—	—
—	—	—	—	—	—

Gelbrich & Ullmann	Harzer Werke	Hamecher	Jul. Muller	Sollinger Hutte Uslar	
19—28	—	—	—	—	—
—	—	—	—	—	—
12,—	—	—	—	—	—
—	17	24	30/31	—	—
—	—100 t	—	—	—	—
—	13,10	11,70	11,90	—	—
—	—	—	—	—	—
—	—	—	—	—	—
—	—	—	—	—	—
—	—	—	—	16—39	—
—	—	—	—	9,—	—
—	—	—	—	—	—
—	—	—	—	33—57	—
—	—	—	—	10,50	—
—	—	—	—	—	—

Hannover	Lose	Denecken und Haensch	Arndt	Hasenkamp	Voß, Neumünster	
1903¹)	167—182	167—182 / — / 9,50	167—182 / — / 9,50	169 / — / 9,20	170—174 / •— / 9,80—10,50	167
1906	195—210	— / — / —	198—201 / — / 14,50	197, 199 / — / 12,50—14,50	203 / — / 12,50	
1907	243—258	— / — / —	— / — / —	244, 245, 247 248, 255 / 14—16,—	— / — / —	
1908	250—268	— / — / —	— / — / —	— / — / —	— / — / —	
1909	1—18	1—18 / 10,50	—	1—18 / 7,90—8,25	5—9, 16—18 / 10,30	
1910	1—15	1—15 / 10,70	—	1—15 / 8,50—9,50	1—15 / 10,80	
1911	1—15	1—15 / — / 11,—	— / —	1—15 / — / 8,87—9,10	1—15 / 10 000 Stück / 9,20—12,50	
1912	1—16	1—16 / 12,—	—	— / —	— / —	
1913	1—17	1—17 / — / 12,50	— / —	1—17 / — / 12,—	— / —	
1914	1—13	1—13 / — / 11,—	—	1—13 / — / 9,80—10,20	— / —	

1912*) Diese Firmen boten gemeinschaftlich ungeteilt 11,—; geteilt 12,—
1913**) »   »   »   »   »   10,85;   »   12,—
¹) 1904 und 1905 keine Angebote.

Hannover	Jünkerath	Brandes & Co. Wolfenbüttel	Aplerbeck	Freytag, Haspe	Buderus, Wetzlar	He
1903¹)	178, 179 / — / 10,10—10,15	— / — / —	— / — / —	-- / — / —	— / — / —	

Bremsklotzverdingungen.

	Michaelsen, Altona	Friedr. Krupp, Magdeburg	Gelsenk. Gußstahl- und Eisenwerke	Vereinigte Königs- und Laur.-Hütte	Georgs-Marien	Ganz & Co., Ratibor
	168—182	167—182	167—182	170	168, 173, 177	167—170
	—					
	9,80	16,40—17,90	10,20	13,62	9,20	12,50
	199—203	—	197, 198, 201	—	200, 209, 210	—
	12,50—14,50	—	12,40	—	12,50	—
	246, 250, 251	—	244, 245	—	256—258	—
					—	
	15,—/16,20	—	13,95	—	14,—	—
	—	—	—	—	—	—
	—	—	—	—	—	—
	6—9, 17, 18	—	1, 2, 9, 16—18	—	1—18	4, 12, 16
	9,40	—	7,75—7,90	—	8,80	8,45—8,50
	7, 8	—	2—5, 9, 13	1—14	14, 15	1—15
	9,50	—	8,20—9,—	8,50	8,70	8,35
	5, 6, 9	—	3, 8, 10, 15	—	1—15	1—15
	—	—	—	—	—	600 t
	9,50	—	8,20—8,40	—	9,80	9,20
		—		I	—	1—16
	*	—	*	12	*	11,50
	5—8, 10, 11	—	—	—	—	1—17
			—			—
	11,—	—	**	—	**	13,90
	1—7	—	1—13	1—13	1—13	—
	—	—	1000 t	500 t	—	—
	9,68	—	8,85	11,50	9,75	—

	Feldhoff, Wulfrath	Herzberger, Eisengießerei	E. Schmidt, Forst i. L.	Haase, Mengede	Deutsch-Luxemb. Mülheim	Messerschmidt, Harburg
	—	—	—	—	—	—
	—	—	—	—	—	—
	—	—	—	—	—	—

Hannover.

Sollinger Hütte, Uslar	Jaeger	Katernberg	Schutte-Meyer	M. Pringshei
171	175, 178, 179	169, 175—182	170—182	171—17
—	—	—	—	—
8,70	10,20	9,20—11,—	8,70—11,20	9,—
198	195—197	—	195—210	—
—	204—210	—	—	—
12,50	12,50—14,50	—	12,45—14,60	—
246, 252—254	243, 246, 252	—	250—253, 255	—
—	253, 255	—	—	—
14—16,—	13,90—16,20	—	14—16,10	—
—	—	—	—	—
—	—	—	—	—
1, 2, 5, 12	3, 4	—	—	—
9,—	7,80	—	—	—
—	1, 6, 10/12	—	1—15	—
—	8,20—9,—	—	8,80—9,80	—
1—15	1—14	—	—	—
—	35 000 St.	—	—	—
9,50	8,59	—	—	—
1—16	—	—	—	—
10,—	*	—	*	—
1—17	—	—	—	—
—	—	—	—	—
10,50	**	—	**	—
—	1—13	—	1—13	—
—	30 000 St.	—	40 000 St.	—
—	9,30	—	9,65	—

Lindener Eisen- und Stahlwerke A.-G.	Ravensburger Eisen- hütte Bielefeld	Vollert, Neumünster	J. Kaiser & Co., Ueckermünde	Fr. Rohwe Neumünster
—	—	—	—	—
—	—	—	—	—

Döring & Co., Witten	Union, Dortmund	Concordia, Bendorf	Piepenbrock, Witten	Franck, Nieverner Hütte
177—180	176	175, 176, 178, 179	178, 179	175—177
—	—			—
10,20—10,30	9,20	10,—	10,20	10,20
195	—	—	—	197, 205—207
—	—	—	—	—
12,50	—	—	—	12,50—14,50
243, 249	—	—	—	247, 252—255
—	—	—	—	—
13,90—14,—	—	—	—	13,80—16,—
250—268	—	—	—	—
30 000 St.	—	—	—	—
12,45—12,50	—	—	—	—
1—18	1—18	—	—	10—13
7,80—9,—	7,80—9,22	—	—	7,90—8,30
1—15	1—15	—	—	10—13
8,85	9—9,25	—	—	8,30—8,40
1—15	—	—	—	12—14
—	—	—	—	—
8,98—9,20	—	—	—	9,60
1	—	—	—	—
10,40—10,85	—	—	—	*
1—17	—	—	—	—
60 000 kg	—	—	—	—
10,65—11,25	—	—	—	**
—	—	—	—	1—13
—	—	—	—	40 000 St.
—	—	—	—	9—9,30

Betsdorfer Eisengießerei Theob. Schütz	Pleißner, Elze	Stahl- und Eisenwerk L. Martius	Tschirndorfer Eisenwerke	Dyckerhoff, Gevelsberg
—	—	—	—	—
—	—	—	—	—
—	—		—	—

1906	206, 207	195, 198—202	195	195—210	204
	—	204—207	—	300 t	—
	14,70	13,80—14,50	12,50	11,50	12,50
1907	—	243—257	252, 253	—	—
	—	—	—	—	—
	—	15,60	14,—	—	—
1908	250—268	250—264	—	—	—
	—	—	—	—	—
	12,20	12,80—13,50	—	—	—
1909	13—15	1—18	1—18	—	—
	—	—	—	—	—
	7,80	9—9,40	7,80—8,30	—	—
1910	1—15	1—15	1—14	—	—
	—	600 t	—	—	—
	9,—	8,80—9,25	8,60	—	—
1911	1—15	1—15	1—15	—	—
	—	—	—	—	—
	9,20	9,50—10,—	10,0	—	—
1912	—	1—7	—	—	—
	—	—	*	—	—
	*	11,25—13,30	—	—	—
1913	—	14	—	—	—
	—	—	**	—	—
	—	11,90	—	—	—
1914	1—13	1—13	5, 7, 10, 11	—	—
	—	300 t	—	—	—
	9,50	11,25	10,25	—	—

[1]) 1904 und 1905 keine Angebote.

Hannover	Schulz, Swinemünde	Hannoversche Eisengießerei Misburg	Guttsmann	Meininger Mfbk. Eisengießerei	Harzer, Achsenwerk
1909[1])	1—18	1—18	1, 4, 5, 7	10—12	—
	—	—	—	—	—
	10,70	10,75	8,95	10,—	—
1910	—	—	—	10—11	1—14
	—	—	—	—	—
	—	—	—.	10,—	8,90
1911	—	...	—	—	—
	—	—	—	—	—
	—	—	—	—	—
1912	—	—	—	—	—
	-	—	—	—	—
	—	—	—	—	—
1913	—	—	—	—	—
	—	—	—	—	—
	—	—	—	—	—
1914	—	—	—	—	—
	—	—	—	—	—
	—	—	—	—	—

[1]) Bis 1909 keine Angebote.

3

—	—	—	—	—	—
—	—	—	—	—	—
—	—	—	—	—	—
246	—	243, 246, 247	252—255	—	—
—	—	—	—	—	—
16,20	—	14,50	14, 16—14,2	—	—
252	—	250—268	250, 251, 25 262	250—264	255/257, 268
—	—	—	—	—	—
13,50	—	12,—	11,85	11,53	12,95
—	1—18	—	—	1—18	6—8, 18
—	—	—	—	—	—
—	9,—	—	—	7,79	11,—
1—14	10—12	—	1—15 mit Schalke	—	—
—	—	—	8,80	—	—
8,70	8,50—9,50	—		—	—
1—15	14	—	—	—	5,6
500 t	—	—	—	—	—
9,70	10,—	—	—	—	12,80
—	1—16	—	—	—	—
—	—	—	—	*	—
—	11,—	—	—	—	—
—	—	—	—	—	—
—	—	—	—	**	—
—	—	—	—	—	—
—	1—13	—	—	1—13	—
—	1000 t	—	—	—	—
—	10,20—11,—	—	—	9,44	—

	Eisenwerk Friedland	Greulich, Fürstenwalde	Ostermann, Meppen	Rybnicker Hütte	Masch.- und Dampf- kesselfabrik Romberg	Eisengießerei Lethmathe
	—	—	—	—	—	—
	—	—	—	—	—	—
	—	—	—	—	—	—
	1—14	3—5	2,14	2—9	—	—
	—	—	—	—	—	—
	9,85	10,50	8,20—8,40	9,75—10,25	—	—
	—	—	—	—	2,4, 5, 6	1—15
	—	—	—	—	—	300 t
	—	—	—	—	9, 15	9,40—9,60
	—	—	—	—	—	—
	—	—	—	—	—	—
	—	—	—	—	—	—
	—	—	—	—	—	—
	—	—	—	—	—	—
	—	—	—	—	—	—
	—	—	—	—	—	—
	—	—	—	—	—	—
	—	—	—	—	—	—

—	—	—	—	—
—	—	—	—	—
—	—	—	—	—
—	—	—	– –	—
—	—	—	—	—
—	—	—	—	—
250, 251	250—252, 262	258, 267	250—268	255—258, 268
—	—	10 000 Stück	—	
13,50	11,30—11,50	10,75—11,80	13,50	14,50
—	1, 3, 10—14	9; 16—18	1—18	—
—	—	—	—	—
—	8,—	8,60—9,70	12,—	—
—	1, 3, 10—14	9	—	—
—	—	—	—	—
—	9,20	10,75	—	—
—	1, 3, 7, 12, 14	—	—	—
—	—	—	—	—
—	9,20	—	—	—
—	—	—	—	—
—	—	—	—	—
—	1—17	—	—	—
—	14,50	—	—	—
—	—	—	—	—
—	—	—	—	—
—	—	—	—	—

Loewen, Homberg	Zobel, Bromberg	Krätzig & Söhne Jauer	Kgl. Hüttenamt Lehrbach	Thyssen
—	—	—	—	—
—	—	—	—	—
—	—	—	—	—
—	—	—	—	—
—	—	—	—	—
—	—	—	—	—
—	—	—	—	—
1—16	4, 6, 8	1—16	13, 15	—
—	—		—	—
16,90—17,50	9,95	12,65	10,—	—
—	1—4, 6—9, 16	—	14, 16	—
—	—		—	—
—	12,25	—	11,—	—
—	—	—	1—13	1—13
—	—	—	30 000 St.	
—	—	—	10—11,—	8,90

—	—	—	—	—
—	—	—	—	—
—	—	—	—	—
—	—	—	—	—
—	—	—	—	—
250—268	,250/251	—	—	—
—	—	—	—	—
11,20	12,80	—	—	—
1—18	1—14	4—8, 16	1—18	6—8, 16—18
—	—	—	—	—
8,20	8,50—8,60	10,08—10,48	9,—	7,80—8,25
1—15	1—14	—	—	—
—	—	—	—	—
9,—	9,—	—	—	—
—	1—15	—	—	—
—	10 000 St.	—	—	—
—	10,—	—	—	—
—	I	—	—	—
—	5000 St.	—	—	—
—	11,75	—	—	—
—	1—17	—	—	—
—	5000 St.	—	—	—
—	12,50	—	—	—
—	—	—	—	—
—	—	—	—	—
—	—	—	—	—

Mannstaedt	Pleißner, Herzberg	Geislers Eisenwerke, Schweidnitz	Hüttenamt Amberg	
—	—	—	—	—
—	—	—	—	—
—	—	—	—	—
—	—	—	—	—
—	—	—	—	—
—	—	—	—	—
—	—	—	—	—
—	—	—	—	—
—	—	—	—	—
1—17	1—17	1—17	—	—
—	25 000 St.	—	—	—
11,80	11,35	11,—	—	—
—	—	1, 12, 13	8,9	—
—	—	—	—	—
—	—	10,25—10,75	9,35	—

Berlin	Lose	Denecken & Haensch	Kgl. Huttenamt Gleiwitz	E. Drewitz, Thorn	F. Hasenkamp & Co.	Schütte-Meyer
		I—19	4, 6—12, 14, 19	?, 5, 7—11, 19	I—19	I—19
	—	—				
1902	I—19	9,50	11,—	10,47	8,85	8,60—9,9
		I, 2		4—8	I, 8	9—14
	—	—				
1903	I—15	11,25		9,80	13,75	13,30—13,
		15, 17	I—4,7,10—13	6	1, 2, 4, 6, 7, 12	
			16		13, 15—18	
1904	I—18	12,50	12,48—13,20	12,50	14,45—14,50	
		4, 5, 14, 16, 1?	I—3, 9—13	6		
1905	I—17	13,50—14,90	13,40—14,10	13,50		
		?, 6, 14, 15, 1?	I—6, 12, 13	7, 8, 10, 11		
	—	—				
1906	I—18	15,50—16,75	15,50	15,50—17,—		
		16, 19	I—6, 13	7—10, 12		
		100 t				
1907	I—19	14,50	14,45	14,75—15,75		
		I—20	I—20	7, 10, 12	I—20	
	—	—				
1908	I—20	11,—	11,50	11,40—11,80	9,40	
		I—19		7—11	I—19	I—19
					250 t	
1909	I—19	10,80		9,40—9,80	9,30	9,30
		I—22		3, 7—13, 22	I—22	I—22
					4000 t	1200 t
1910	I—22	11,25		10,50	8,87—9,10	9,05—9,5
		I—14		6—9	3, 12	11, 14
	—	—				
1911	I—14	11,50		9,90—10,10	10,85	10,85
		I—14				I—14
						500 t
1912	I—14	13,—				11,80
		I—8			I—8	I—8
						1000 t
1914 10. I. 1914	I—8	11,—			9,80	9,35
		I—7				I—8
						1000 t
1914 16. 4. 1914	I—7	10,90				9,70

Berlin	Pringsheim	Keßler, Greifswald	Arndt	Beck & Henkel	Junkerath	Concordiahütte Bendorf
	I, 3, 6—10, 16, 17, 19	6,7	I—19	16, 17	16, 17	13, 17
		—	—	—	—	
1902	8,75	8,80	9,70	8,95 9,—	8,90	8,95
	4,15	I—3, 8—10	I—15	9—13	9, 14	
			—		—	
1903	10,25—10,50	13,50	14,—	13,75—14,20	13,80	
	2—4, 7—9, 14, 16	5	I	14, 16, 17		
		—	—			
1904	12,20—13,75	13,—	13,50	14,50		
	2—5, 14—17		I—3, 6,9, 16, 17			
	—					
1905	13—14,20		13,50—15,25			
	I—3, 7	15	I, 2, 5		13,14	
				—		
1906	15,75—15,90	16,—	14,99—16,75		17,50	
	—	5	I, II, 13, 16, 17, 19		—	
1907	—	14,50	14,50—16,—	—	—	
	—	5,6	I—20	14	14, 17—20	
1908	—	13,20	12,10	10,75	9,—	
	—	5	I—19	18	I—19[1]	
					4319 t	
1909	—	11,85	10,50	8,40	8,30	
	—	5—6	I—5, 16—21	20	—	
		100 t				
1910	—	11,60	11,—	9,40	—	
	—	I—14	I—14	—	—	
		100 t				
1911	—	12,80	10,75	—	—	
	—	1/2	I—14	—	I—14	
		100 t			1500 t	
1912	—	13,50	12,50	—	10,80	

Bremsklotzverdingungen.

Aplerbeck	Jaeger	Chr. Voß	teinfurt	Dor ng & Co., Witt n	Georgs-Marie, Os abruck	Caternberg
I—19	2, 13—18	I—19	I—19	I- 19	—19	5— , 16, 18
—	—	480 t	580 t	7 0 t	500 t	—
8,70	8,80—9,30	9,60	9,20	8,6 —9,—	8,4 8,95	9,25—9,7
—	11—14	11, 12	5—7	9—15	13	-
—	—	—	—	800	—	—
—	12,30	12,30	I 25	13,76	10,75	—
—	—	—	7—11	—	13—18	—
—	—	—	—	—	—	—
—	—	—	12,50—13 60	—	14,70	—
—	—	—	6—10	—	—	—
—	—	—	2 20—15,50	—	—	—
—	—	—	7— 0	—	I—18	—
—	—	—	—	—	300 t	—
—	—	—	—	—	—	—
15, 17—20	—	—	15, 5— 6,5	-	17,50	—
—	—	—	7, 10 12	—	—	—
—	—	—	200 t	—	—	—
—	—	—	14,40—15,50	—	—	—
15, 17—20	—	I—3	I—20	—	I—20	—
—	—	—	600 t	—	—	—
9,50	—	II,20	9—10,—	—	9,6	-
I—19	I	I—5, 16, 17	I—19	I—19	I—19	—
—	—	12 0		1100 t	—	—
9,30	9,30	II—11,80	8 70—8,90	8,30—8, 5	9,60	—
3, 15, 18—20	I—22	I—22	I—22	I—22	I— 2	—
—	600 t	—	I 00 t	7 0 t	800 t	—
10,—	8,90	18,—	8,70—9,—	9,20—9, 0	9.95	—
2	2	—	5—9, 14	I—14	I 14	—
280 t	360 t	—	—	1000 t	300 t	—
10,85	10,85	—	9,25—9,49	9,90	11, 0	—
—	I—14	—	I—14	I—I	I—14	—
—	500 t	—	80 t	—	500 t	—
—	11,80	—	1,70— 2 2	I , 0	11,80	—
—	2	—	—8	I—8	I—8	—
—	—	—	300 t	—	—	—
—	9,30	—	11,—	9 80	9, 5	—
—	I—7	—	I—7	—	—	—
—	—	—	40 t	—	—	—
—	9,30	—	9,85	—	—	—

Wittener Eisengießerei	Wischer, Stargard	Th. Ruhnau, Menzel & Schoof	Br ßler	Nord. Elektr.- und Stahlwerke Schel uhl	Hütte amt Uslar	Frank he Eisenwerke
13—18	—	—	—	—	—	—
—	—	—	—	—	—	—
8,75	—	—	—	—	—	—
—	I—15	5,6	2, 10, 12, 15	I—15	12 13	9—12
—	—	—	—	—	—	—
—	12,30—12,34	9,10	17—18 —	9,3	9,79	I ,65—13,7
—	—	7—10	4—8, 11, 15, 17	10, 8	5— 7	12, 13—18
—	—	12,45—13,65	9,75—9, 0	12 50	14,50	14 14 50
—	—	6—8	2—6, 10, 13, 15—17	—	-	—
—	—	—	11,70—12,—	—	—	—
—	—	14,50	—	—	—	—
—	—	7—16	—	7 13, I	—	—
—	—	—	—	—	—	—
—	—	16,20	—	15,50—I ,—	—	—
—	—	7, 8, 10	—	—	—	—
—	—	—	—	—	—	—
—	—	14,50—15,—	—	—	—	—
—	—	5/6—13	,4, 5/ , 11/12	—	14, 17—20	14, 15, 17—20
—	—	10,30—10,40	12,—	—	10—10,2	8—8, 0
—	—	5—12	—	—	—	13, 14, 17, 18
—	—	250 t	—	—	—	—
—	—	9,70—9,85	—	—	—	9,40—9,60
—	—	8—10, 22	—	—	—	15, 19 20
—	—	—	—	—	—	—
—	—	9,25—9,35	—	—	—	8,90
—	—	5—9, 14	—	—	—	12
—	—	150 t	—	—	—	260 t
—	—	10,05—10,25	—	—	—	10.8
—	—	3—8, 13. 14	—	—	—	10,11
—	—	120 t	—	—	—	—
—	—	11,70—12,30	—	—	—	11, 0

Berlin.

Union, Dortmund	Feldho f	Ganz	Guttsmann	
I—I9	I—5, I5, I6	3, 4, 12	I—4, I2, I3, I	—
750 t	—		17, 19	
8,30—8,7	9,20	11,60	9,10—I3, 0	
I		8—II, I5	IO	
—	—	—	—	
9,94	—	I3,75	IO,5	
—	—	I, ɔ, 4, II—I3	, 4, 6, 7—9,	
—	—	—	I4—I	
		I2,50— I3,20	2,45—I 0	
		I, 3, 5, IO—I3	2, 5, 9, I2—I	
—	—	3 45 —I4,—	3,50—I4,60	
—	—	3, 4, 6, II, I ,	—3, 6 I	I—
—	—	—	—	
—	—			
—	—	5,40— ,—	5,45—I5,80	
—	—	, 4, 6, II, I4, I5	5, 6, I	
—	—	—	—	
—	—	I ,50—I5,—	4,50—I5 —	I5
—	I8	I—I7	I—20	
—	—	—	—	
—	IO,30	II,8	IO,20 .	
I—I	—	I—I	I—I9	
	—	I 0 t	—	
9,60	—	8,50—8,60	9,25	
	—	I—22	I—22	
-.-	—	400 t	—	
—	—	9,50	9,75	
—	—	3—9	I— 4	
—	·	—	—	
—	…	II,—	I 0	
—	—	I/2 6,8, 3, I4	I—I	
—	—	500 t	500 t	
—	-.·	I3, 0	I—50	
—	·	—	—	
—	·	·	—	
—	—	—	—	
—	—	—	—	
—	-·			
—	—	—	—	

Gelbrich & Ullmann	Victoria, Eise - gießere Kö igs erg	Rossemann & Kühnemann	bonico, Greifsw d	Hen
—	—			
—	—	—	—	
—	—	—	—	
9, II—I3	—	—	—	
—	—	—	—	
I2,—	—	—	·	
—	7—I	I,5		
—	—	—	—	
—	IO, .9	I2,40	I3,60	
—	6—9	I,2		
—	—	—	—	
—	I2,—	I4 80		
—	7—IO	I—I3	—	
—	—	—		
—	I6—I6,	I6,45		
—	7—I	I,2		
—	—	—		
—	I4 50—I5,	I5 95	—	
—	7—II	,3	—	
—	—	—		
—	II,—	I3 95	—	
—	7—II	I,3	—	
—	9, 5—9,90	I3,40		
—	—	—	—	
—	—	—	—	
—	—	—	—	
—	5 I	—	—	
—	700 t	—	—	
—	9 20—I2,5	—	—	
—	3—4	—	—	
—	II,90		-	

(Anzahl Stücke)	Tangerhütte	L. Munter	Krupp, Essen	Glockner, Tschirndorf
18	1—19	1—19	1—19	2, 4, 5, 11—15, 18
	—	—	—	—
	9,—	8,90—9,—	9,60	8,65
	1—15	1—15	—	3,8
	—	—	—	—
	13,75	13,75—14,35	—	10,25
	15, 17	2, 5, 6, 14—18	—	1, 12, 13
	—	—	—	—
	15,—	13,50—14,50	—	12,—12,50
	—	—	—	1, 10-13, 16, 17 / 13,50—14,90
	—	—	—	1, 2, 12—14
	—	—	—	—
	—	—	—	15,40—16,95
	—	—	—	2, 13, 14, 15 / 400 t / 14,25—16,25
	1—3, 14, 17, 19, 20	1—20	—	1—20
	—	—	—	—
	10,60—10,80	11,49	—	9,25—9,50
	—	—	—	1—19 / 400—500 t / 8,75—9,50
1	—	—	—	1—22 / 1500 t / 9,20—9,75
	—	—	—	1—14 / 900 t / 9,75—10,25
	—	—	—	1—14 / 900 t
8	—	—	—	11,00—11,50
	—	1—3	—	1—8
	—	—	—	—
	—	13,50	—	9.50
	—	—	—	1—7
	—	—	—	—
	—	—	—	10,50

(t, s.)	Prollius, Greifswald	Kratzig & Sohne	Brandes, Wolfenbuttel	Meininger Maschinenfabrik
	—	—	—	—
	—	—	—	—
	—	—	—	—
	—	—	—	—
	—	—	—	—
	—	—	—	—
	—	—	—	—
	—	—	—	—
	-4,5	13	11—17	12
	—	—	—	—
	14—14,20	11,50	12,40—14,50	11,—
4	—	12, 14	15—17	—
	—	—	—	—
	—	17,— 16,50	15,80—17,25	—
5	—	15	14—19	18
	—	—	—	—
5	—	16,30	14,80—16,75	15,50
10	—	13, 16	1—20 / 800 t	14—16 / 300 t
	—	9,95	9,90—11,—	11,—
	—	1—19 / 1800 t	1—19	13
	—	8,40—8,60	9,20—10,60	10,—
	—	1—22	1—22 / 500 t	15
	—	8,40	9,30—10,50	10,—
	—	1—14 / 600 t	1—7 / 700 t	—
	—	9,20—9,75	11,50—12,50	—
	—	1—14 / 600 t	1—14 / 600 t	—
	—	11,15	12,80—13,50	—

Berlin					
—	—	—	—	1—8	—
1914	—	—	—	—	—
10. 1. 1914	—	—	—	9.48	—
—	—	—	—	1—7	—
1914	—	—	—	—	—
16. 4. 1914	—	—	—	9,30	—

¹) Jünkerath, Jäger, Georgs-Marien, Munscheid, Schalke, Deutsch-Luxemburg, Hasenkamp, Sch

Berlin	Geißlers Eisenwerk	Eisenhütte Westfalia, Bochum	Rybnicker Hütte	Eisengießerei Ferdinandshof	J. Kaiser, Neckarmünde	Deutsch-Luxem. Mülheim
	13	—	—	—	—	—
	—	—	— ·	—	—	—
1905¹)	15,50	—	—	—	—	—
	4, 14	1—18	—	—	—	—
	—	500 t	—	—	—	—
1906	16,50—16,85	14,80—14,90	—	—	—	—
	3, 18	1—19	1—19	1	1—6, 13, 14	1—19
	167 t	—	300 t	—	—	—
1907	14,40—16,—	11,98—12,40	15,50	15,50	14,—	11,95
	11—13	—	1—6, 11—13, 16	1—6	1—20	1—20
	—	—		—	—	—
1908	10,50—10,90	—	11,40	11,75	12,50	8,30—8,.
	—	—	4, 6, 7, 10-12, 15	—	1—19	1—19
	—	—	500 t	—	—	1090 t
1909	—	—	9,10—9,20	—	11,—	9,30
	—	—	—	6	—	—
	—	—	—	—	—	—
1910	—	—	—	13	—	—
	—	—	1—14	—	1—14	1
	—	—	300 t	—	—	—
1911	—	—	11.20	—	12.—	10.85
	1—14	—	1, 2, 6, 8	—	—	—
	500 t	—	—	—	—	—
1912	11.25	—	12.90 13.30	—	—	—
	1—8	—	1—8	—	1—8	1—8
	—	—	—	—	—	—
1914 10. 1. 1914	10.—	—	12.60	—	12.50	9.46
	3, 4	—	—	—	—	1—7
	—	—	—	—	—	—
1914 16. 4. 1914	10.70	—	—	—	—	9.44

¹) Bis 1905 keine Angebote.

Berlin	Harzer Achsenwerke	Breslauer A.-G. für Eisenb.	Lucas, Königsberg	Wagner, Limburg	Betzdorfer Eisengießerei Theobald Schütz	Herzberger Eisengießerei
	16—18	10, 11	8, 9	1—19	1—19	1—19
	—	—	—	—	600 t	500—1000
1909¹)	9,80	9,40	11,50	8,50	8,60	8,50—9,5.
	—	—	8—13, 22	—	—	1—22
	—	—	—	—	—	200 t
1910	—	—	9,50	—	—	10,—
	—	—	5—7, 14	—	—	1—14
	—	—	—	—	—	—
1911	—	—	9,—	—	—	10,80
	—	—	3—5	—	—	1—8, 11—
	—	—	—	—	—	200 t
1912	—	—	11,50—12,25	—	—	12,—
	—	—	—	—	—	1—8
	—	—	—	—	—	—
1914 10. 1. 1914	—	—	—	—	—	10,80—11,
	—	—	—	—	—	1—7
	—	—	—	—	—	—
1914 16. 4. 1914	—	—	—	—	—	10,00—11,

¹) Bis 1909 keine Angebote.

—	—	—	—	—	—	5—8
						—
						10,—
—	—	—	—	—	—	
—	—	—	—	—	—	—7
—	—	—	—	—	—	—
—	—	—	—	—	—	9,8

, Henschel & Sohn.

Deutsche Stahl-werke Danzig	G. Pleißner, Elze	Meyer & Weiken, Leipzig-Lindenau	B vermann, Ge elsberg	Greuli & Co., Fürstenw lde	Stahl- un Eisenwerk Güstrow	Harze Werke zu Rübeland & Zorge
—	—	—	—	—	—	—
—	—	—	—	—	—	—
—	—	—	—	—	—	—
—	—	—	—	—	—	—
—	—	—	—	—	—	—
6—12	17,18	15, 16, 18, 19	—	—	—	—
—	—	—	—	—	—	—
3—13,30	13,—	15,—	—	—	—	—
—	13—20	—	20	2	1—6	1—20
—	10,—	—	, 0	11,30	10,67	11,—
—	13, 16—19	—	1—19	1—4 12	—	—
—	—	—	500 t	—	—	—
—	8,50—8,75	—	9,50	, 0	—	—
—	15, 18—21	—	1— 2	—	—	—
—	—	—	500 t	—	—	—
—	9,25	—	1 ,—	—	—	—
—	10/12	—	4	—	—	—
—	10.—	—	.	—	—	—
—	9	—	—	—	—	—
—	150 t	—	—	—	—	—
—	12.25 12.75	—	—	—	—	—
—	—	—	—	—	—	—
—	—	—	—	—	—	—
—	—	—	—	—	—	—
—	—	—	—	—	—	—
—	—	—	—	—	—	—
—	—	—	—	—	—	—

nwerk Friedland	Hasper Eisenwerk	Oskar Meißner	Zobel, B ombe	Rud lf eißner	Werdohler Stanz- u d Dampfhammerwerke	Sollinger Hütte, Sollingen
1—19	—	—	—	—	—	—
200—300	—	—	—	—	—	—
13,—	—	—	—	—	—	—
—	1—22	8—13, 22	8,11—13	9	19	—
—	1000 t	—	—	—	—	—
—	9—9,40	9,79—9,90	8,90	10,—	9 20	—
—	—	—	7—10, 4	—	—	1
—	—	—	—	—	—	—
—	—	—	9,95	—	—	9 50
—	1—14	—	3—8, 13, 14	—		1—14
—	500 t	—	—	—	—	—
—	13,—	—	11,98	—	—	1 ,5 —1 , 5
—	—	—	1, 2 3	—	—	1—8
—	—	—	10 50	—	—	, 10
—	—	—	—	—	—	—
—	—	—	—	—	—	—
—	—	—	—	—	—	—

Conc rdia-Hütt Engers	A.-G. Hannoversche Eisengieß rei	Jagemann, Berlin	Lethmather Eis gießerei	Un...
—	—	—	—	
—	—	—	—	
—	—		—	
—	—	—	—	
—		—	—	
—	—	—	—	
—	—	—	—	
6 20	— 0	I	I—20	
—	—		—	
8 90	12,—	3,25	8,60—9,—	
I 9				
10 0	—	—	—	
,35	—	—	—	
—		—	—	
—	—	—	—	
—	—	—	—	
—		—	—	
—	—	—	—	9
—	—	—	—	
—	—	—	—	
—	—	—	—	
—	—	—	—	IO
—	—	—	—	
—		—	—	
—	—	—	—	
—	—	—	—	
—	—	—	—	
—	—	—	—	
—	—	—	—	

Eberhardt, B o be g	Handelsbure u .K.B. Bergwer sverwaltung Mü chen	annstedt	Th ssen	Vul Ei
	—	—	—	
—	—	—	—	
—	—	—	—	
—	—		—	
—	—	—	—	
—9, 4	—	—	—	
	—	—	—	
1,25	—		—	
—	I 14	I	—14	
—	—			
—	11,70	12 0	10 00— 0,50	
			ung t ilt	
—	—	I 8	I—8	
—		—	—	
—	—	9,75	9,10	
	—	—	I—7	
—		—	8,80	

—	—	1—8	—
—	—	300 t	—
—	—	12,—	—
—	—	1—7	—
—	—	300 t	—
—	—	11,25	—

ail-	Aug. Gothe, Hildesheim	Ravensberger Eisen-hütte	A.-G. für Gas und Elektrizität, Köln	Michaelsen
	—	—	—	—
	—	—	—	—
	—	—	—	—
	—	—	—	—
	—	—	—	—
	—	—	—	—
	—	—	—	—
	13—20	14, 17—20	18	17,20
	350 t	—	—	—
	9,80—10,—	9,80	10,—	9,90
	—	—	—	—
	—	—	—	—
	—	—	—	1—4
	—	—	—	—
	—	—	—	10,—
	—	—	—	—
	—	—	—	—
	—	—	—	—
	—	—	—	—
	—	--	--	—
	—	--		—
	—	—	—	—
	—	—	—	—
	—	—	—	—
	—	—	—	—

ac	A.-G. vorm. Enzinger	Berg- und Hutten-amt Amberg	Linke-Hoffmann-Werke, Breslau	Plessow, Berlin
	—	—	—	—
	—	—	—	—
	—	—	---	—
	—	—	---	—
	—	—	—	—
	—	—	—	—
	—	—	—	—
	—	—	—	—
	—	—	—	—
	—	—	—	—
	1—8	1—8	1—8	1, 4,
	—	—	—	—
	12,—	9,40	10,25	12,22
	3, 5	—	—	—
	—	—	—	—
	12,50	—	—	—

www.ingramcontent.com/pod-product-compliance
Lightning Source LLC
Chambersburg PA
CBHW081427190326
41458CB00020B/6121